环保技术和产业国际合作研究

段飞舟 奚 旺 郭 凯 丁士能 张永涛 编著

中国环境出版社·北京

图书在版编目（CIP）数据

环保技术和产业国际合作研究/段飞舟等编著. —北京：中国环境出版社，2016.9

ISBN 978-7-5111-2912-3

Ⅰ. ①环… Ⅱ. ①段… Ⅲ. ①区域环境—环境保护—国际合作—研究—中国、东南亚国家联盟 Ⅳ. ①X321.3

中国版本图书馆 CIP 数据核字（2016）第 229646 号

出 版 人	王新程
策划编辑	徐于红
责任编辑	赵　艳
责任校对	尹　芳
封面设计	宋　瑞

出版发行　中国环境出版社

（100062　北京市东城区广渠门内大街 16 号）

网　　　址：http://www.cesp.com.cn

电子邮箱：bjgl@cesp.com.cn

联系电话：010-67112765（编辑管理部）

010-67147349（生态分社）

发行热线：010-67125803，010-67113405（传真）

印　　刷	北京中科印刷有限公司
经　　销	各地新华书店
版　　次	2016 年 10 月第 1 版
印　　次	2016 年 10 月第 1 次印刷
开　　本	787×960　1/16
印　　张	13.25
字　　数	220 千字
定　　价	48.00 元

国际环境保护战略与政策系列研究
《环保技术和产业国际合作研究》
编 委 会

顾问

徐庆华　李海生　任　勇　郭　敬　陈　亮　夏　光　吴国增

高吉喜　温武瑞　檀庆瑞　李俊峰　杜少中　朱旭峰　宋小智

涂瑞和　张　磊　周国梅　张洁清　张建宇

编 著

段飞舟　奚　旺　郭　凯　丁士能　张永涛

编委会成员（按姓氏笔画排序）

丁士能　王　晨　毛立敏　郭　凯　张永涛　段飞舟

贾　宁　奚　旺　唐华清

推动环保产业务实合作，打造中国—东盟合作平台[①]

（代序）

中国和东盟，一个是最大的发展中国家，一个是最大的发展中地区组织，面临着区域经济发展绿色转型的共同挑战，决定了我们之间的合作是推动区域环境合作的关键力量。在我们的合作中，环保技术和产业是双方有共同兴趣的领域之一。2013 年 11 月召开的第十六次中国—东盟领导人会议上，中国领导人倡议要加强中国和东盟环保产业合作，提出建立中国—东盟环保技术和产业合作示范基地，制定发布环保产业合作框架文件，得到了东盟各国领导人的积极反响，也为中国和东盟进一步加深和拓宽环保合作领域提供了重要机遇，我们对此充满信心。

近年来，中国经济发展取得了很大成就，但也面临着日益突出的资源环境保护压力。中国高度重视发展方式的转变和加强环境保护，制定了一系列的政策措施。

2013 年 11 月，中国做出了全面深化改革的重大决定，把建设生态文明和生态环境保护体制机制改革作为重要战略任务，积极推动形成人与自然和谐发展的新格局。2014 年 3 月召开的中国全国人大会议上，中国政府发出了"坚决向污染宣战"的号召，表明我们的环境保护已经全面进入了一个新时期。2014 年新修订通过了《环境保护法》（以下简称新《环保法》），最大限度地凝聚了各方共识，有很多突破与创新。

---

① 本文为环境保护部副部长李干杰在 2014 年 5 月中国—东盟环保产业合作研讨会上的讲话摘编。

一是推动建立基于环境承载能力的绿色发展模式。要求建立资源环境承载能力监测预警机制，实行环保目标责任制和考核评价制度，对未完成环境质量目标的地区实行环评限批，推行绿色国民经济核算，促进经济绿色转型。

二是推动建立多元共治的现代环境治理体系，推进国家治理体系和治理能力现代化。新《环保法》改变了以往主要依靠政府和部门单打独斗的传统方式，体现了多元共治、社会参与的现代环境治理理念；建立环境污染公共监测预警机制，鼓励投保环境污染责任保险；要求各级政府、环保部门及时发布环境违法企业名单，企业环境违法信息记入社会诚信档案，排污单位必须公开自身环境信息；鼓励和保护公民举报环境违法，拓展了提起环境公益诉讼的社会组织范围。

三是加强环境监管力度，强化环境责任追究制度。新《环保法》赋予各级政府、环保部门许多新的监管权力，环境监察机构可以进行现场检查，授权环保部门对造成环境严重污染的设施设备可以查封扣押，对超标超总量的排污单位可以责令限产、停产整治。

另一方面，为强化对大气污染的治理，2013 年 9 月，国家颁布了《大气污染防治行动计划》，今后 5 年将投入 1.7 万亿元人民币实施该计划；2014 年，我们还将重点针对水污染防治、农村和土壤环境保护等，陆续颁布国家级行动计划。今后 10 年，我们将会以壮士断腕的决心和前所未有的力度，全面加强生态环境保护工作。

全球环境治理任重道远，以循环、生态、低碳、可持续为特征的绿色发展，已成为国际共识，中国和东盟在绿色发展与转型方面面临许多类似的问题，双方应互相学习和借鉴，分享成功经验。当前，中国—东盟合作进入"钻石十年"，环保技术和产业合作是绿色发展的支撑，是实现区域绿色转型的重要驱动力。我愿就此提出以下几点建议：

第一，加强务实合作，推动落实《中国—东盟环保技术与产业合作框架文件》。《中国—东盟环保技术与产业合作框架》是双方共同确认，指导未来一段时期在环保技术和产业合作领域的纲领性文件。双方应共同努力，积极行动，围绕框架提出的合作目标与合作内容，建立合作机制，提出具体行动计划，确保取得实效。东盟成员国中，新加坡、印度尼西亚、马来西亚等国家环保技术和产业发展有自己的特点和优势，中方愿就此与各方加强交流。

第二，构建平台，建立国家、地方、企业合作伙伴关系。中国和东盟国家都有一些地方环保产业聚集度高、技术水平先进，国家应提供政策支持，发挥地方优势，吸引企业参与。中国将依托具有环保技术研发和产业合作聚集度的地方，建设一批高水平的环保技术和产业国际交流与合作示范基地。中国—东盟环保合作中心和中国宜兴环保科技园共同打造的中国—东盟环保技术和产业合作基地就是一个良好的开端，我们欢迎东盟国家参与基地建设和技术合作。

第三，多方参与，发挥企业界在环保产业合作中的主体作用。双方应进一步拓宽合作渠道，突出环保企业在产业合作中的主体地位，发挥政府部门、环保企业和研究机构等各方的积极性，支持中外企业"走出去"、"引进来"。我们欢迎东盟国家环保技术和产品进入中国市场，参与到中国环境保护进程中；中方也愿意支持中国企业"走出去"，在有环保技术需求的柬埔寨、老挝、缅甸、泰国等东盟国家，设立环保技术交流和产业合作中心，为当地环境治理提供支持。

中国—东盟环保合作已站在新的起点上，合作潜力巨大，前景广阔。中方期待着与东盟各国加强交流、凝聚共识，推动中国—东盟环保合作取得务实成果，打造中国—东盟环保合作共同体，为本地区的可持续发展作出新的贡献。

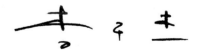

目 录

战略与政策

区域环保产业合作

合作模式探讨

热点问题关注

战略与政策

"一带一路"背景下环保产业"走出去"的机遇与对策建议

周国梅

"丝绸之路经济带"和"21 世纪海上丝绸之路"（简称"一带一路"）是我国从战略高度审视国际发展潮流，统筹国内国际两个大局做出的重大战略决策。将生态文明理念融入"一带一路"建设，加强生态环保对"一带一路"建设的服务和支撑，发挥环保国际合作的交流平台作用，将为古老的丝绸之路赋予新的时代内涵，为亚欧区域合作注入新的活力。因此生态环境保护是"一带一路"建设中的重要内涵和应有之义。伴随着"一带一路""政策沟通、设施联通、贸易畅通、资金融通、民心沟通"的"五通"措施，我国的节能环保产业"走出去"也迎来了重大发展机遇。节能环保产业应充分抓住机遇，积极参与国际市场开拓与竞争，在发展壮大中服务好国家重大战略。

一、环保产业"走出去"迎来重大发展机遇

2012 年以来，中国政府先后发布了《"十二五"国家战略性新兴产业发展规划》和《"十二五"节能环保产业发展规划》，进一步明确了包括环保产业在内的战略性新兴产业的发展目标、方向和任务。2013 年 8 月，国务院发布了关于加快发展节能环保产业的意见，指出加快发展节能环保产业，对拉动投资和消费，形成新的经济增长点，推动产业升级和发展方式转变，促进节能减排和民生改善，确保 2020 年全面建成小康社会，具有十分重要的意义。其中，通过国际化发展支撑环保产业发展成为重要内容。

在目前国际环保市场分工格局尚未完全形成的背景下，尽快实现中国环保产

业由大变强，不仅要立足中国国内、扩大内需，更要积极参与国际竞争。通过环保产业的国际化发展，有助于拓宽我国产业发展市场空间，带动产业升级；同时，国际化发展也是反哺环保企业竞争力的有力手段，更是优化中国对外投资结构、推动可持续投资的重要举措。因此，环保产业国际化发展对中国环保产业发展具有重要意义。

随着"一带一路"国家大战略的实施，环保产业"走出去"面向国际市场迎来重大发展机遇。"一带一路"以立体综合交通运输网络为纽带，以沿线城市群和中心城市为支点，以跨国贸易投资自由化和生产要素优化配置为动力，以区域发展规划和发展战略为基础，以资金融通和人民友好往来为保障，以实现各国互利共赢和区域经济一体化为目标的带状经济合作区。"一带一路"不仅强调地理和交通上的连接，更注重形成新的绿色可持续发展经济带，实现丝绸之路历史文化线和生态文明线的融合。

"一带一路"愿景和行动计划将加强生态环境保护合作列为积极推动务实合作的重要领域之一，重点突出生态文明、合作共建绿色丝绸之路、统筹推进区域生态建设和环境保护，要求各领域开展合作时都要高度重视生态环境保护，这为我国环保产业"走出去"，打开国际市场提供了政策规范的市场基础。

二、我国环保产业发展趋势分析

（一）我国环保产业体系完善，部分环保技术达到国际先进水平

近年来，在环境治理和环保政策措施的驱动下，特别是"气十条"、"水十条"的颁布，以及预期的"土十条"的出台，创造了巨大的环保市场，我国的环保产业得到迅猛发展，无论是在产业规模、技术水平还是市场环境等方面都具有良好的发展基础。

据第四次全国环保产业调查表明，当前我国环境保护相关产业呈现出产品品种增加、产业规模不断扩大、产业政策逐渐完善、技术水平不断提高、市场需求不断扩大的特征，我国环境保护相关产业正处于产业生命周期的成长期，下阶段将快速发展，产业规模将进一步扩大。

2004—2011 年，我国环境保护相关产业的从业单位数量增加 104.9%，年平均

增长速度为 10.8%；从业人数增加 100.3%，年平均增长速度为 10.4%；营业收入增加 572.6%，年平均增长速度为 31.3%；营业利润增加 605.1%，年平均增长速度为 32.2%；出口合同额增加 439.3%，年平均增长速度为 27.2%。

经过 30 多年的发展，我国环保产业已形成了包括环保产品生产、洁净产品生产、环境服务提供、资源循环利用、自然生态保护等多门类的环保产业体系，为我国环境保护事业的快速发展提供了重要的技术支撑和保障。

通过自主研发与引进消化相结合，我国环保技术与国际先进水平的差距不断缩小，部分技术达到国际先进水平。目前，我国主要的环保技术与产品可以基本满足市场的需要，并掌握了一批具有自主知识产权的关键技术。在大型城镇污水处理、工业废水处理、垃圾填埋、焚烧发电、除尘脱硫、噪声与振动控制等方面，已具备依靠自有技术进行工程建设与设备配套的能力。

（二）我国环保产业具有比较优势，"走出去"潜力大

与东盟等发展中国家相比，我国环保产业具有成本较低、效果好、技术适应强的比较优势。

据调查，2011 年，我国环境保护相关产业的出口合同额与 2004 年相比有大幅提高，但占总营业收入的比例仅为 1.1%。其中，环境保护产品出口合同额从 2004 年的 1.9 亿美元增加到 2011 年的 20.4 亿美元，增长 9.7 倍，年平均增长速度达到 40.4%。环境保护服务出口合同额从 2004 年的 0.7 亿美元增加到 2011 年的 4.3 亿美元，增长 5.1 倍，年平均增长速度为 29.6%。资源循环利用产品出口合同额从 2004 年的 11.3 亿美元增加到 2011 年的 32.2 亿美元，增长 1.8 倍，年平均增长速度为 16.1%。这些领域出口合同额的增长，反映出我国在这些领域国际竞争力的加强。

尤其是环境保护产品出口的迅猛增长，表明我国环境保护产品的技术水平和产品质量都有较大程度的提高，在国际市场上已经具有一定竞争力。

但是与美国、日本、西欧等发达国家相比，我国环境保护产品和服务的贸易总额还比较低。2009 年，美国、日本、西欧等发达国家的环境保护产品和服务的出口额占全球环境保护产品和服务贸易总额的比例已超过 80%，相比之下，我国与发达国家尚存在较大差距。

（三）我国环保产业与技术面临研发能力弱、投资总体不足、企业规模偏小等发展短板

发达国家的环保技术正朝着高精尖方向发展，其新能源技术、新材料技术、生物工程技术等正在不断地被应用于环境产业。尤其水污染控制、大气污染控制、固体废弃物处理等方面的技术已处于领先地位。与发达国家相比，我国大多数环保企业的技术开发投入不足，科研设计能力有限，产品大多为常规产品，技术含量不高，尤其在新技术、新工艺、新设备的开发方面经验不足。技术力量薄弱的直接后果是，我国的大部分设备及核心技术无独立的知识产权，长期依赖进口，在环保市场国际化时，国外产品会抢占先机争夺国内市场份额，使我国的环保企业举步维艰。

我国的环保产业中小型企业占比过大，环保产业缺少领头羊。而且，产业地域布局不合理。环保产业主要集中在东南沿海与长江流域，其中北京、上海、江苏、浙江、山东、广东、辽宁、吉林、四川、湖南等省份的环保产业总产值占全国的80%以上，中西部地区的总产值份额不足20%。

环保产业的区域特性导致了地方保护主义，这阻碍了环保企业的区域扩张，使得产业呈现碎片化的状态，环保产业纵向整合和横向专业分工及协作水平低下。企业缺乏大规模、高效率的集约化生产，削弱了技术创新的动力，从而影响了产业组织整体效率的提高。同时在国内无法应对上游国际巨头的挑战，在国际市场上受制于自身能力而无法实现国际布局。

在环保产业中，我国目前形成了公众、政府、环保服务企业这一利益—责任—服务链条，即公众是需求和受益主体，政府是责任主体，环保服务企业是服务主体。因此，由于环保公用事业的属性，对于公有制经济体的有着自然的偏好。而此时，私有制经济体的高效率以及基于市场的最优配置优势往往被忽略。在一定程度上，目前环保产业中的私有制经济体面临"看不见"的天花板，成长空间难以实现质的突破。

三、借力"一带一路"，推动环保产业"走出去"发展

技术、市场和资本是产业发展的三大基本驱动力。而"一带一路"战略的实

施给环保产业"走出去"带来了技术创新的机遇、巨大的潜在市场和资本的保障，蕴含巨大商机。

（一）"政策沟通"、"民心相通"成为"走出去"的政策基础

"一带一路"沿线大多是新兴经济体和发展中国家，普遍面临工业化和全球产业转移带来的环境污染、生态退化等多重挑战，加快转型、推动绿色发展的呼声不断增强。"政策沟通"要求我们与这些国家加强政策对话与交流，了解这些国家的环境保护法律法规、政策标准，为我国环保产业"走出去"提供了政策基础。环保本身是公益事业，大力推动生态环保，服务"一带一路"战略的"民心相通"，进一步夯实民意基础，有助于实现互利共赢。

（二）"设施联通"、"贸易畅通"推动环保产业实现全产业链融合

"一带一路"战略提出"设施联通"，主要是加强沿线国家的基础设施建设规划、技术标准体系的对接，共同推进国际骨干通道建设，逐步形成连接亚洲各次区域以及亚欧非之间的基础设施网络。交通基础设施是关键。基础设施建设中环境保护基础设施建设也是其中的环节之一。

"贸易畅通"着力研究解决投资贸易便利化问题，消除投资和贸易壁垒，构建区域内和各国良好的营商环境，积极同沿线国家和地区共同商建自由贸易区。在"贸易畅通"中，可以加上更多绿色内容，推动绿色贸易，加大环保产业、环保服务业的出口，鼓励环境产品的贸易流通，实施优惠政策，大力推动绿色供应链发展，搭上"贸易畅通"的快车。

（三）"资金融通"为环保产业"走出去"提供资金保障机制

技术创新是环保产业在面对国际竞争的核心竞争力，市场是需求，资金机制是发展的保障。"一带一路"提出资金融通，就是要深化金融合作，推进亚洲货币稳定体系、投融资体系和信用体系建设。共同推进亚洲基础设施投资银行、金砖国家开发银行、丝路基金等，以银团贷款、银行授信等方式开展多边金融合作。目前方兴未艾的绿色金融机制，倡议更多的资金要投向节能环保产业，要求重大项目投资都要考虑环保设施建设需求，实施绿色信贷，无疑为环保产业"走出去"提供了资金保障机制。

四、对策建议

"一带一路"为环保产业国际化发展提供了重大发展机遇,要将机遇变为现实,尚需要明确的"走出去"路线图,需要政策的引导和技术实力等内外部支撑条件。建议借力"一带一路"战略,探索环保产业国际化发展模式,形成政府引导与政策支持,援外示范与平台搭建,技术支撑与基地建设的"走出去"路线图。

(一)政府引导,结合"一带一路",以援外项目为先导,搭建环保产业国际化发展平台

从美国、欧洲等发达国家环保产业走进我国的模式来看,多以环保理念、法规、制度、技术标准等"走出去"为先导,推动投资国环境政策、技术标准等与本国接轨,带动本国环保产业"走出去",创造了良好的政策、标准等支撑环境。

考察"一带一路"沿线国家的环境保护法规与制度标准,大多比较健全,有的标准甚至高于我国。也有国家的法律法规标准不够完善,需要进一步加强。

对于第一类国家,我们"走出去"之前需要全面了解掌握其政策标准,政府支持的研究咨询机构可以做好这方面服务工作。对于第二类国家,可以通过合作机制,介绍我国经验,帮助其进一步完善标准,为进入其市场占得先机。推动完善环保产业相关标准(包括基础设施建设标准,污染物排放标准、相关环境服务标准等),推动其国际化,为环保产业"走出去"提供技术支撑。

"一带一路"战略将涉及大量项目投资,为打造绿色"一带一路",建议建立国家环境保护对外援助计划,将环境保护作为其中重要支撑内容,与沿线国家共同开发一批环境保护基础设施建设和示范项目,政府搭建起合作交流平台,我国企业紧随其后,承担其中的环境保护基础设施建设。

(二)发挥市场机制作用,提升龙头企业产业链整合能力

建立、健全环保产业市场机制,为我国环保产业发展提供良好的发展环境。改善环保产业规模和地域布局,扶持环保出口龙头企业,提升环保产业聚集区的产业聚集水平;遵照市场规律,鼓励环保企业提升产业链整合能力。

鼓励规模企业在自身发展壮大的同时要利用资源积极辅助小企业,实现以大

带小、促进共赢。指导中小企业向专业化、精细化、特别化发展，提高为产业链整合能力强的企业提供专业的配套服务的水平。

（三）搭建服务与技术支撑平台，为产业国际化发展提供支持

借助"一带一路"战略，搭建环保产业国际化发展公共服务平台，为我国环保企业"走出去"提供相关信息、政策需求等支撑，为相关国家的环保标准制定提供援助，为环保企业进入该国市场奠定良好的产业环境。

通过公共服务平台，为外国企业在中国建设示范项目提供支持，也为中国环保产业优秀技术和产品提供宣传服务；此外，利用公共服务平台，通过第三方技术筛选，制定适用的环保技术清单，并根据清单上的技术，建设一批对外环保示范项目，提升中国环保企业的知名度，推动中国环保企业"走出去"。

（四）以区域环境合作机制为支撑，打造环保产业与技术转让合作平台与依托基地

我国与"一带一路"沿线国家有多个稳定活跃的环境保护区域国际合作机制，如中国—东盟、上海合作组织、中阿、中日韩、大湄公河次区域等，都是区域环境合作的重点区域，技术交流与产业合作是其重要内容之一。特别是东盟国家，已经成为中国环保产业"走出去"的重要目标国。

目前，与东盟的产业合作已经纳入了中国—东盟环境保护合作战略。2013年10月9日，李克强总理出席第16次中国—东盟（10＋1）领导人会议时提出了中国与东盟的"2＋7"合作框架，其中，在环保领域，提出了中国—东盟环保产业合作倡议，建立中国—东盟环保技术和产业合作交流示范基地。

在中日韩环境部长会议机制下，企业论坛、中日韩循环经济研讨会、中日韩环保产业圆桌会作为中日韩环保产业合作平台，为环保技术转移发挥了积极作用。

建议将东盟国家作为中国环保产业"走出去"的重点领域，支持中国—东盟环保技术和产业合作交流示范基地在广西和中国宜兴环保科技产业园的试点工作；在中日韩环境部长会议机制下，结合我国企业的实际需求，广泛吸纳中日韩三国环保企业参与其中，推动中日韩三国环保技术转移与联合开发。对上海合作组织成员国的绿色经济与环保产业现状进行调研，开展产业政策交流，为双方合作开展顶层设计，推动建设中俄环保技术与产业合作示范基地。

　　统领各种机制，以我国环保产业发达的东部沿海地区为依托，打造"一带一路"环保技术转移与产业合作示范基地，筛选一批适用型技术，集聚一批有竞争力的环保企业，推动大气防治、水处理、固体废弃物处理等技术国际转移，加强我国环保企业在这些领域的技术储备，推动我国实用型环保技术和产品在发展中国家的推广，服务"一带一路"大战略中的环保要求，为打造绿色"一带一路"保驾护航。

"十三五"环保产业国际化的机遇、挑战与对策

张永涛 段飞舟

环保产业是绿色经济的核心产业，也是典型的政策法规驱动型产业。2012 年，国务院发布《"十二五"国家战略性新兴产业发展规划》，将节能环保产业列为七大战略性新兴产业之首。2013 年《国务院关于加快发展节能环保产业的意见》提出要使节能环保产业成为国民经济新的支柱产业。2015 年《政府工作报告》中再次强调，要积极发展绿色、低碳、循环经济，将节能环保产业打造成新兴支柱产业，抢占未来国际产业竞争的制高点。

"十三五"是我国转型升级的关键时期，与此同时，绿色发展成为国际潮流，"十三五"也是我国加强环保产业国际合作，参与国际环境治理体系构建的重大机遇期。

一、我国环保产业发展现状

（一）体系基本完善，研发能力有所提高

经过 30 多年的发展，我国环保产业已经形成了涵盖环保产品生产、资源循环利用、环境服务等多个门类、比较完备的产业体系。在技术方面，通过自主研发与引进消化相结合，我国的环保技术与国际先进水平的差距不断缩小，研发能力有了进一步的提升，已经掌握了一批具有自主知识产权的关键技术，在大型城镇污水处理、工业废水处理、垃圾填埋、焚烧发电、除尘、脱硫、脱硝、噪声与振动控制等方面已经具备依靠自有技术进行工程建设与设备配套的能力，基本能够满足环保产业市场的供给需求。

（二）产业发展迅速，投资需求不断扩大

近年来，我国环保产业快速发展。2011 年我国环境保护相关产业年营业收入为 30 752.5 亿元，年营业利润为 2 777.2 亿元，从业人员达到 319.5 万人。与 2004 年相比，营业收入增加了 572.6%，年均增长速度为 31.3%；营业利润增加了 605.1%，年均增长速度为 32.2%；从业人数增加了 100.3%，年均增长速度为 10.4%；营业收入占同期 GDP 的比重也由 2004 年的 2.8%上升到 2011 年的 6.5%，2014 年环保行业营业收入约 3.98 万亿元。

表 1　近两次全国环境保护相关产业调查结果比较

领域	年份	营业收入/ 亿元	营业利润/ 亿元	从业单位/ 个	从业人数/ 万人	出口合同额/ 亿美元
（一）环境保护产品	2004	341.9	37.0	1 867	16.8	1 9
	2011	1 997.3	213.9	4 471	39.6	20.4
（二）环境保护服务	2004	264.1	26.2	3 387	17.0	0.7
	2011	1 706.8	183.6	8 820	51.8	4.3
（三）资源循环利用产品	2004	2 787.4	223.8	6 105	95.9	11.3
	2011	7 001.6	474.2	7 138	92.0	32.2
（四）环境友好产品	2004	1 178.7	107.3	947	23.3	48.0
	2011	20 046.8	1 905.5	4 104	146.8	276.9
总计	2004	4 572.1	393.9	11 623	159.5	61.9
	2011	30 752.5	2 777.2	23 820	319.5	333.8

注：部分单位同时从事多种环境保护相关产业活动，表中的从业单位数、从业人员数的总计与分项加总不等。
数据来源：环境保护部环境规划院，中国环境保护产业协会：《第四次全国环境保护相关产业综合分析报告》。

"十三五"期间，伴随着一系列环境政策标准的出台和三大行动计划的实施，我国环保投资需求将进一步加大，预计将达到 8 万亿～10 万亿元，环保产业也将保持年均15%以上的增长率，预计到2020年我国的环保产业产值将超过9万亿元。

（三）具有比较优势，国际化加速发展

我国的环保产品与技术在发展中国家具有比较优势。一方面，我国与其处于相同的历史发展阶段，都面临着发展经济和保护环境的双重任务，我国的环保企业更能充分理解他们的具体难处和现实情况，更易根据他们的实际需要提出解决

方案。另一方面，相较于高标准、高成本的欧美环保技术设备，中国物美价廉的环境产品、服务更具有竞争优势。这两方面的优势为我国环保企业开拓国际市场创造了条件。近年来，一些环保企业凭借其技术、管理和成本等综合优势相继获得了多个海外项目订单，相继开拓了东南亚、南亚、中东、非洲、南美等国际市场。2011 年，我国环保相关产业的出口合同额与 2004 年相比有大幅提高，从 2004 年的 61.9 亿美元增加到 2011 年的 333.8 亿美元，增长 439.3%，年平均增长速度为 27.2%，反映出我国环保产业国际化正在加速发展。

二、"十三五"环保产业国际化的机遇

（一）国家实施"一带一路"战略

国家"一带一路"战略给我国环保产业"走出去"带来了重大机遇。首先，"一带一路"沿线大多是新兴经济体和发展中国家，普遍面临工业化和全球产业转移带来的环境污染、生态退化等多重挑战，加快转型、推动绿色发展的呼声不断增强，为我国环保产业国际化提供了巨大的潜在市场。其次，"一带一路"战略将加强生态环境保护合作作为重要内容，为我国环保产业国际化提供了项目来源，为环保理念、标准和技术和交流创造了契机；最后，"一带一路"战略涉及大量项目投资，为我国环保产业的国际化提供巨大的资金保障。

（二）国际环保市场规模不断扩大

国际金融危机后，越来越多的国家深刻认识到传统发展模式的不可持续性、纷纷选择走绿色发展的道路，将环保产业作为战略性新兴产业进行全面布局和重点培育。美国 EBI 分析，美国 2014 年环保产业增长 4%，2015 年有望实现 5%的增长[①]。根据欧盟有关机构的数据，2010 年全球环保服务业产值超过 6 400 亿美元，全球环保产业总产值达到 2.3 万亿美元。英国经济与环境发展中心预计 2015 年全球环境商品和服务市场将增长到约 8 000 亿美元[②]。联合国环境规划署（UNEP）国际贸易和可持续发展中心专家预测，2020 年全球环境商品和服务市场将扩大到

---

① http://ebionline.org/ebj-archives/3801-ebj-v28n09。
② 宋鸿. 世界环境服务业发展动态[J]. 竞争情报，2015，11（2）：48-55.

1.9 万亿美元。相较于高标准、高成本的欧美环保技术设备，中国的环保技术和装备在性价比方面更具有竞争优势，国际环保市场规模的不断扩大将为我国环保产业国际化提供广阔的舞台。

（三）政府重视程度不断提高

我国政府高度重视节能环保产业。近些年来，环保产业相关指导意见、发展规划和政策措施的纷纷出台。同时，为应对日益严峻的环境污染形势，2013 年颁布《大气污染防治行动计划》；2015 年颁布《水污染防治行动计划》；2016 年颁布《土壤污染防治行动计划》。专家预测三大行动计划将超过 6 万亿元的环保投资，将进一步扩大中国环保市场需求，带来我国环保产业的强势发展。此外，财政部成立 PPP 中心、国务院发布《关于推行环境污染第三方治理的意见》，无不表现出我国政府大力扶持环保产业的决心，将为我国环保产业的发展及国际化提供强有力的支撑。

表 2　近期环境保护相关产业发展引导型政策文件制定情况

文件名称	产业促进作用
《关于加快培育和发展战略性新兴产业的决定》（国发〔2010〕32 号）	提出将环保产业作为战略性新兴产业重点
《关于促进战略性新兴产业国际化发展的指导意见》（商产发〔2011〕310 号）	提出要培育节能环保产业国际化发展
《关于环保系统进一步推动环保产业发展的指导意见》（环发〔2011〕36 号）	明确了培育潜在市场、释放现实市场、促进结构升级、提高发展水平的推动环保产业发展的主要思路
《"十二五"节能环保产业发展规划》（国发〔2012〕19 号）	提出环保产业发展目标、任务、保障措施
《关于发展环保服务业的指导意见》（环发〔2013〕8 号）	明确了环境保护服务业发展的重点工作与推进措施等
《环保服务业试点工作方案》（环办〔2012〕141 号）	为环境保护服务业发展营造了良好的政策和体制环境
《关于加快发展节能环保产业的意见》（环发〔2013〕8 号）	进一步明确深化发展节能环保产业的主要举措
2015 年《政府工作报告》	要把节能环保产业打造成新兴支柱产业
《关于推进水污染防治领域政府和社会资本合作的实施意见》（财建〔2015〕90 号）	鼓励水污染领域推进 PPP

三、"十三五"环保产业国际合作的挑战

(一) 政策保障体系有待完善

从发达国家环保产业开展国际合作的经验来看,多以环保理念、法规、制度、技术标准等为先导,推动目标国的环境政策、技术标准等与本国接轨,为带动本国环保产业与目标国开展国际合作创造了良好的政策、标准等支撑环境。在这方面,我国也制定了相关的政策,包括商务部会同环保部等部门发布的《关于促进战略性新兴产业国际化发展的指导意见》(商产发〔2011〕310 号)和环保部发布的《关于环保系统进一步推动环保产业发展的指导意见》(环发〔2011〕36 号)等,提出了促进环保产业外向型发展的要求,加强了环境领域国际合作与国际环境技术转让、培育环保产业出口基地、鼓励符合条件的企业到境外为我国投资项目和技术援助项目提供配套的环境技术服务等方面的政策引导,并制订了《"十二五"节能环保产业发展规划》,为我国环保产业"走出去"提供充分的政策依据。

与发达国家相比,我国的政策保障还不是很完善。首先,我国的相关法规、标准等文本以中文版本为主,在开展环保产业国际合作过程中,面临着来自于目标国在环境管理机制以及政策要求方面的障碍,亟需完善我国环保产业"走出去"重点领域标准并将其国际化,推动我国相关标准"走出去";其次,在国家层面,我国开展国际合作项目或经贸协议时嵌入环保项目的力度仍然不够,环保企业"走出去"相关的配套政策依然不足。

(二) 公共服务平台仍然缺乏

目前,我国与相关国家已经有多个稳定活跃的环境保护区域国际合作机制,并将与东盟的产业合作纳入了中国—东盟环境保护合作战略,建立了中国—东盟环保技术和产业合作交流示范基地,还通过举办中美、中德、中日、中国—东盟等环保产业论坛,以及中日韩三国环保产业圆桌会议等平台,实现了"政府搭台、企业唱戏"。总体上看,上述类型的平台数量还是较少、影响力有限,导致国际上对我国的环保产品、环保技术了解不够。

另外，由于缺乏统一的管理机制和信息收集平台，我国对目标区域国家的环保产业状况、投资环境、环保政策要求及法律法规、商业机会、工程招标操作模式、产业预警等领域的信息并不十分了解，信息量不足，导致我国的环保企业一方面不了解特定国家的环保产业需求，不知与哪些国家优先开展合作，无的放矢；另一方面在与目标国家合作的过程中，由于不了解当地的政策法规与游戏规则，需付出高昂的代价。

（三）环保企业融资渠道有待拓展

近几年，我国在环保领域的投资逐渐加大，投资额占 GDP 的比重达到 1.5% 左右，全社会环保投资每年大概新增 1 000 亿元。通过出台绿色信贷、PPP 等方面的政策措施，我国环保产业投融资渠道不断完善，环保产业基金逐渐推广，环保类企业上市步伐明显加快。

目前，我国环保投资市场还没有完全打开，环保企业融资渠道有待拓展，主要表现如下：一是我国的环保投资总量较小，与发达国家环保投资占 GDP 比例（大都在 2%～3%）相比还有一定差距，无法对环保产业发展提供强有力的支持；二是金融机构对环保企业贷款积极性不高，贷款抵押条件苛刻，且金融机构贷款利率高、周期短，难以适应环保行业收益低、周期长的特点；三是上市门槛高，很多环保企业因规模限制而无法进入股票市场融资；四是融资模式单一，缺乏广泛的商业化融资模式，以股权融资、债权融资为标志的市场化融资模式尚未得到推广。

（四）国际化基础整体仍然薄弱

总体来看，我国环保产业目前的国际化基础依然薄弱，主要体现在三个方面。首先，在合作模式方面，我国环保产业国际合作模式比较单一，仍以设备出口为主，国际工程总承包数量相对较少，海外并购基本以个案计；其次，在市场份额方面，美国、日本、欧盟等发达国家的环境保护产品和服务的出口额占到了全球份额的 80% 以上，我国环保产业与之相比的国际化程度还有很大的差距；最后，我国环保产业创新不足，科研设计能力有限，产品大多为常规产品，核心技术缺乏独立知识产权、部分关键设备依靠进口，直接影响了我国环保产业"走出去"的进程。

（五）国际化人才不足

开展环保产业国际合作需要一大批具有国际视野、熟悉国际规则、懂产业、知技术、能够在环保国际合作交流中直接对话、有实力争取话语权、能够讲好中国环保故事的国际化人才，来宣传中国的环保成就和优秀适用的环保技术和产品，来促成双方的合作。然而，由于环保产业国际合作以前受重视程度较低，人才培育不足，导致现阶段我国环保产业国际化人才整体存量偏少。截至 2012 年年底，我国环保系统人才资源总量为 21.6 万人，具有博士学历的人才很少，为 0.18 万人；具有硕士学历的人才也相对较少，有 1.5 万人[①]。其中既懂技术又懂产业且能进行国际谈判与交流的国际化人才更是缺少，这在一定程度上制约了我国环保产业国际化工作的开展。

四、加快环保产业国际化发展的对策建议

（一）加强政策支持引导

"一带一路"战略将涉及大量项目投资，建议国家设立绿色"一带一路"环境保护对外援助计划，将环保绿色产业有机融入国际产能合作与"一带一路"重点任务和项目设计中，与沿线国家共同开发一批环境保护基础设施和示范项目，由我国环保企业承担其中的环境保护基础设施建设。

积极开展环保产品、技术标准的研究，加快国外先进标准向国内标准的转化，健全环保重点领域的工程建设标准、污染物排放标准以及相关的环境服务标准，形成符合国际规范的标准体系，并推出英文版本。

依托绿色使者计划等援外培训渠道，宣传与推广我国环保产品标准，协助目标国进行环境管理制度的顶层设计、建立和完善环保法律法规及标准、发展环保产业模式等，尽可能使其采用与我国衔接的环境管理和环保产业发展规则。

（二）搭建信息服务与交流展示平台

支持中国—东盟环保技术和产业合作交流示范基地在广西和宜兴的试点工

---

① 蒋洪强，卢亚灵，杨勇. 我国环保人才队伍状况分析[J]. 中国人才，2014，4：27-29.

作，推动中国—中亚、中俄环保技术与产业合作示范基地的建设，系统地搜集国外环保产业信息，搭建环保产业国际化信息服务平台，使国内环保企业能够畅通、便捷地获得目标国家环保市场信息，为其"走出去"提供信息支持和决策参考。

建立基地综合展示平台，推出我国的优秀环保技术及产品，环保理念、环保制度及产业模式等，向目标国家进行宣传，扩大我国环保产品、技术、理念、制度、模式的知名度和影响力。

依托环保产业发达的东部沿海地区，建立环保技术转移基地，搭建合作交流和技术转移平台，为中外企业间的技术交流提供机会，推动大气污染防治、水处理、固体废弃物处理等技术国际转移。加快环保产业合作示范基地海外基地的建设，打造中国优秀环保产品技术国外展示平台，提升我国环保产业的影响力。

（三）拓宽融资渠道

建议政府将新增财力向环保投资倾斜，扩大政府投资环保领域的规模，加快构建绿色金融体系，将有限的财政资金作为杠杆，通过金融、财税等手段，改变资金资源配置的激励机制，撬动民间资本投向环保行业。

大力发展绿色信贷、绿色债券和绿色基金，搭建绿色金融需求与供给桥梁，保障绿色金融资金需求与供给渠道的畅通。加大对环保企业上市辅导力度，支持一批有实力、发展前景好的环保企业上市融资。鼓励环保企业进入国际金融证券市场，利用金融机构贷款、政府间贷款、债券、股票等金融工具筹措资金。

建议政府加强政策倾斜，以银团贷款、银行授信等多种方式将我国倡导建立的亚洲基础设施投资银行、丝路基金等金融机构的资金尽可能多地投入到环保产业国际合作中。

（四）提升企业竞争力

加大对环保技术的研发投入，充分运用税收、信贷、补贴、奖励等多种刺激手段，重点支持环保产业关键技术攻关、装备国产化示范工程、环保科技成果的转化和应用；强化环保企业作为环保技术创新的主体地位，制定和实施优惠政策，鼓励环保企业设立研发中心，提高自主创新能力。鼓励建立以企业为主体，高等高校和科研院所参加的多种形式的技术联盟、形成产学研相结合的有效机制。建立与国际接轨、适合中国国情的环境新技术、新产品示范转化推广应用机制，加快环保技术产业化进程，提升我国环保企业的核心竞争力。

制定相关政策法规，理顺思路，鼓励我国大型环保企业通过兼并重组壮大规模，鼓励我国大型环保企业利用国际经济环境的有利时机，合作、并购、参股国内外先进环保研发和装备制造企业，整合战略资源、促进产业升级。鼓励建立国家级或区域级的环保产业联盟，整合我国现有环保产业资源优势，组织环保企业以舰队出海的方式，集团参与单一环保企业无法消化的超大型环保项目。

（五）培育一支国际化人才队伍

积极向国际机构派遣中高级人员，培养一批具有国际视野、通晓国际规则、能够参与环保产业国际合作的高精尖人才；开展环保产业国际合作专项培训，培训内容包括国外环保产业和投融资的政策、法律、法规，包括国际贸易、商务谈判、投融资等，提升我国现有环保人才队伍的整体实力；加强推进国际人才的引进力度，并制定好促进人才发展的公共服务政策，充分发挥国际人才具有国际视野和战略思维的优势，为我国环保产业国际化作出积极贡献。

"一带一路"背景下我国环保产业园区发展研究

周国梅　段飞舟　丁士能　郭凯　奚旺

2012年，国务院发布《"十二五"国家战略性新兴产业规划》，将节能环保产业列为七大战略性新兴产业，环保产业成为新的经济增长点。2015年3月，国务院授权三部委发布推动共建"一带一路"的愿景与行动，绿色"一带一路"建设成为统领当前和今后一个时期我国各项工作的战略指引。加快环保产业园区建设，是促进"十三五"产业转型升级，支撑绿色"一带一路"建设，推动环保装备制造、咨询服务产业"走出去"的重要载体。本文分析了我国环保产业园区发展主要模式、分布特点，以及"一带一路"相关省市环保产业园区建设情况，指出了目前环保产业园区建设存在的主要问题，并提出了相关对策建议。

一是抓住"一带一路"建设的重大机遇，根据各地在"一带一路"建设中的核心定位和功能，统筹谋划，制定未来5年环保产业园区和技术转移示范基地的建设规划。确定"一带一路"沿线重点合作区域及重点国家，结合相关环保产业园区区位优势和产业特点，发挥市场在资源配置的决定性作用，推动环保产业聚集和环保技术转化，实现促进环保产业"走出去"和环保产业转型发展的统筹协调。

二是在路线图设计上，要充分利用现有基础，培育不同服务功能和产业特点的环保产业园区。如在环保产业集聚区基础扎实的江苏省，依托江苏宜兴环保产业科技园区，以水处理技术转移为重点，打造中国—东盟环保产业与技术交流示范基地；依托经济实力雄厚、环保技术产业快速发展的深圳市，建设"一带一路"环保产业合作与技术转移基地，打造创新驱动的试验基地和国际环保公共科技服务平台，承担起环保技术合作与转移的先行区功能，促进自主创新技术转移和环保产业、标准、技术等"走出去"。

三是以在"一带一路"建设中的核心定位为导向，依托新疆、陕西、黑龙江、福建等地的产业园区，建设面向中亚、俄罗斯等地的生态环保基地或产业园区。

此外，还要注重典型带动，分步推动环保产业基地和园区的国际合作；完善产业服务平台，建立园区对外合作渠道；加大资金支持力度，创新融资模式，支持园区能力建设；加强与地方政府合作，支持地方环保产业发展，提升城市综合竞争力与转型发展。

一、我国环保产业园区发展状况

（一）环保产业园区发展总体情况

经过多年的发展，我国环保产业初步形成"三区一带"的总体分布特征，即环渤海、长三角、珠三角三大环保产业聚集区和东起上海沿长江至四川等中部省份的"沿江环保产业带"。

1. 京津冀地区

京津冀地区凭借其良好的经济实力、投资能力、外贸等优势，在环保技术研发、项目设计咨询、环保企业投融资服务等高端领域处于全国领先地位。

（1）中关村环保科技示范园

园区规划建设面积约 4.5 km^2，定位于集科研、中试、生产、商贸、技术交易、科普于一体的综合性园区。园区包括具有完整绿色环保体系的可持续发展园区，以绿洲湿地景观系统为主要特征的生态科技园区，以及环保产业研发、孵化、展示交易区。园区规划包括仪器仪表园、研发基地、中试孵化产业基地等 8 个功能区。

（2）天津子牙循环经济产业区

产业区是中日循环型城市合作项目，也是"国家循环经济试点园区"、"国家级废旧电子信息产品回收拆解处理示范基地"、"国家进口废物'圈区管理'园区"。园区重点发展废旧电子信息产品、报废汽车、橡塑加工、废弃机电产品精深加工与再制造等产业。年拆解加工能力达 100 万～150 万 t，每年向市场提供铜 40 万 t、铝 15 万 t、铁 20 万 t、橡塑材料 20 万 t，形成面向全国的有色金属原材料市场。

（3）京东（香河）环保产业园

产业园位于河北省廊坊市香河县，2011 年 5 月经河北省人民政府正式批准为省级工业聚集区。园区总体规划面积 41.9 km²，包括环保服务产业区、环保科技研发区、京津冀产业转移示范区等 10 大板块。

园区计划成为环保科技研发、环保技术孵化、环保工程设计、环保软件系统集成的环保产业科研发展平台；环保技术产品、资源循环利用技术产品、环境友好技术产品生产基地；环保知识产权交易、环保人才教育培训、环保产品推广应用的环保产业综合服务基地；宣传环保理念、展示环保产品、开展国内外环保项目合作的中外环保产业交流窗口。

2．长三角地区

长三角地区经济优势较为明显，环保产业基础也最为良好，是我国环保产业聚集地区之一。

（1）中国宜兴环保科技工业园

园区是 1992 年经国务院批准设立的国家级高新技术产业开发区，也是我国唯一以发展环保产业为特色的国家级高新技术产业园区。园区列入科技部和环保部"共同管理和支持"单位、《中国 21 世纪议程》第一批优先项目计划。2012 年，园区面积由初期的 4 km² 扩至 212 km²。为推动园区企业"走出去"，2014 年，环保部批复同意在宜兴环科园设立中国—东盟环保技术和产业合作交流示范基地（宜兴）。

工业园聚集了 1 400 多家环保企业，占无锡市环保企业总数的 89%，环保装备的生产规模和实力在全国名列前茅。园区围绕"水、气、声、固、仪"五大领域的产业集聚度不断提升，吸引了美国、日本、德国等 20 多个国家和地区的企业。园区与哈尔滨工业大学、南京大学、清华大学等 80 多所大学院校形成紧密型产学研合作，设立环保技术研究院、研发中心和产业化基地，初步形成了以水处理为主，大气污染防治和固体废弃物处理等共同发展的产业格局，发展起研发设计、生产制造、工程施工、运营服务在内的产业集群。

（2）苏州国家环保产业园

产业园是 2001 年 2 月经原国家环保总局批准建设的首家国家级环保高新技术产业园，也是国内第一家采取企业化运作的特色产业园区。经过多年的发展，环保产业园逐步确立了"环保综合服务商"的战略定位,依托载体开发建设,"筑巢引凤"形成环保产业集群,发挥科技服务平台优势,实现环保实业项目的新突破。

产业园由节能环保高新技术创业园、清洁生产中心、环保科技公共服务平台等部分组成,是我国目前首个集环保载体建设和环保科技创新、公共服务为一体的新型特色园区,为160多家中外企业提供了质量优良的经营载体。园内企业涉及与环保相关的水污染治理设备、空气污染治理设备、固体废物处理设备、风能设备与技术、太阳能技术与设备、电池修复等7大类产业。

(3)上海国际节能环保园

环保园是国内第一家以节能环保为主题的生产性服务业集聚区,园区于2007年12月12日揭牌成立,占地面积500亩。环保园所在地是原耗能污染大户——上海铁合金厂旧址,由上海仪电控股(集团)公司所属全资子公司上海仪电置业发展公司等多家企业共同出资10亿元建设。

园区的建设思路是以"国际化、国家级、示范性"为总体开发目标,以国际化的视野和标准规划园区,以多层次的交流机制和平台,引进国际人才和导入国际节能环保企业;以国家级的产业园区开发方向,导入国家级的研发、检测、认证、培训机构;以示范性低碳产业为目标,打造节能环保专业产业园区;以老工业区的成功转型,塑造产业结构调整的典范。

(4)常州国家环保产业园

产业园是原国家环境保护总局批准和重点扶持的国家级环保产业园区,也是中国环境保护产业协会指定的环保产业示范基地。园区规划面积10 km²,依托常州国家高新技术产业开发区现有基础设施开发建设,具有一流的投资软、硬件环境,由环保工业园、环保生态园、环保科研园、环保产品展销中心和环保产业咨询中心五部分组成,重点发展清洁生产、生态工程、节水、节能、可再生能源、资源再生利用等方面的预防性环保产业门类,利用新材料、新工艺、新技术有效解决水污染、大气污染、固体废弃物污染的治理型环保产业门类,以及为环境监督管理提供高技术手段的环保产业门类等。

(5)诸暨现代环保装备高新技术产业园区

高新区于2013年4月19日获得省级授牌,规划总面积14.25 km²,是浙江省唯一以现代环保装备产业为主导的高新技术产业园区,也是浙江省发展现代环保装备产业的核心载体和诸暨市产业转型升级的主要平台。园区先后建成了国家火炬计划环保装备特色产业基地、国家重大技术装备国产化基地，浙江省现代环保装备高新技术产业园区、环保装备产业基地、现代环保装备产业技术创新综合试点。高新区着力推进科技创新与科技产业联动发展、创新链与产业链对接协同的现代环保装备制造产业体系，打造环保产业集聚地、创新驱动试验区。

3．珠三角地区

（1）南海国家生态工业示范园区

示范园区位于广东省佛山市，是我国第一个以循环经济和生态工业理念为指导的国家级生态工业园。园区总面积 35 km²，计划滚动投资 50 亿元，建设成为面向珠三角，辐射华南的第三代工业园，服务广东省乃至全国的产业升级改造，为探索可持续的经济发展模式发挥示范作用。园内还将建立集环保科技产业研发、孵化、生产、教育等功能于一体的国家环保产业基地。

（2）深圳环保产业基地

深圳市计划在深圳高新区建设国家工程实验室大楼和中国—匈牙利国际节能环保科技创新基地。在南山西丽片区，建设环保高新产业园和环保工程技术院，建成集研发中心、中试及检测中心、中小企业孵化中心于一体的环保创新基地。在国际低碳城建设节能环保技术装备集成基地和资源化利用基地，在坝光产业园区打造高端节能环保产业集聚区。

4．海西经济区

（1）福州技术产业开发区

高新区是 1991 年经国务院批准成立的第一批国家级高新区之一，实行"一区多园"的管理模式，下辖洪山、台西、仓山、马尾等 4 个老园区和海西高新技术产业园、生物医药和机电产业园 2 个核心主体园区，规划面积约 63 km²。其中，马尾科技园区是福州高新区"一区四园"中规模最大的一园，批准面积 1.4 km²。园区以发展电子信息产业为主，协调发展生物医药、医疗器械、节能材料、环保设备等高新技术产业以及健康食品、物流、房地产等配套产业。

（2）龙岩经济技术开发区

开发区设立于 1998 年 7 月，1999 年 5 月经福建省人民政府批准为省级开发区，2012 年 3 月 2 日经国务院批准升级为国家级经济技术开发区。龙岩经济技术开发区位于龙岩市区南部，与核心城区连成一片，交通便捷、区位优越，首期规划面积 5.8 km²。2012 年，按照"一个主导区、两个合作区"的空间布局，开发区规划面积调整扩大为 26.42 km²。

5．长江经济带

（1）重庆环保科技产业园

产业园占地 1 400 亩，采取"一园三区"发展模式，"一园"指环保科技产业园，以建桥工业园区为主要载体。"三区"主要功能包括环保企业总部办公、高端环保服务业及环保专业市场，中小企业办公、环保教育培训基地、环境监测服务等的环保综合服务基地，垃圾焚烧核心设备、环境监测仪器设备等的高端环保制造基地。

（2）湖南环保科技产业园

产业园是经湖南省人民政府批准成立的省级开发区，于 2003 年正式启动建设，规划面积 15 km²。2012 年 2 月，工信部正式批准为国家新型工业化产业示范基地。园区以环保产业为主体，以高新技术产业为龙头，已纳入长沙市"二区六园"工业发展规划，为湖南省的重点建设项目之一，享受国家高新技术企业以及环保产业的所有优惠政策。

（3）长沙高新技术产业开发区

长沙高新技术产业开发区创建于 1988 年，1991 年经国务院批准为首批 27 个国家级高新区之一，2010 年挂牌成为湖南省首个环保产业示范园区。目前，长沙高新区积极整合发展园区现有的环保产业，引进新的环保企业，努力将环保产业园建成生产、研发、销售、运营、服务咨询的现代化具有地区影响力的产业集群。

（4）武汉青山（国家）节能环保科技产业园

产业园毗邻武钢和化工新城，规划面积 14.8 km²。园区建设目标定位于国家节能环保产业示范基地核心区，国家低碳循环特色产业发展平台，国内一流的高科技、现代化、综合性生态工业示范园区，发展总体思路是"一园、两心、六区、四群"的发展构想，包括综合服务中心和生态展示中心，环保产业制造区、生态展示区、环保研发区、白玉山居住区、综合服务区和生态休闲区，节能环保装备制造、再生资源与生态环境材料、冶金化工装备制造和节能环保服务产业集群。

6. 东北地区

东北地区环保产业园多以高新技术"园中园"，或者循环经济相关的产业聚集区形式出现，主要集聚吉林、哈尔滨、大连等主要城市。

（1）大连国家环保产业园

产业园区于 2001 年 2 月正式获批，是东北地区第一个国家级环保产业园区，同时是大连高新技术产业园区的环保分园，规划总占地面积 5.06 km²。园区以环保为主题，兼有生产、科研、教育、生活服务及休闲娱乐等功能，分为公共商务区、高新技术产业区、科研示范区、生活服务区等多个功能区。2002 年 3 月，环保产业园区正式列入"国家级园区"。

（2）吉林化学工业循环经济示范园区

示范园区于 2008 年经吉林省政府批准成立，规划面积 59.8 km²，是东北地区首家化学工业循环经济示范园区。该园区定位是发挥域内原料优势和产业优势，着力与国内外化工企业开展深度合作，打造千亿级化工产业园区。园区现有石油化工、合成材料、精细化工等各类化工企业 240 余家，可生产包括基础有机化工原料、合成材料、精细化工产品、生物化工等产品，其中丙烯腈、乙醇、腈纶等60 余种产品具有较强竞争力，已形成较为完整的化工产业体系。2013 年 8 月，园区被列为国家循环经济重点工程园区循环化改造示范试点。

（3）吉林高新区循环经济产业园区

产业园区于 2012 年 10 月被国家发改委、财政部批准为国家"城市矿产"示范基地，并获得 1 亿元的资金支持。2013 年，产业园开始总体规划和建设。园区包括第三批国家"城市矿产"示范基地 11 个项目中的 8 个项目，总投资 7 亿元人民币。2014 年，一期开工报废汽车机械化拆解项目、废钢铁加工配送项目、城市矿产工程技术研发中心项目、产业园区信息交易中心 4 个项目，总投资 2.9 亿元。二期包括废弃电器电子产品清洁化拆解项目、废钢铁铸造汽车零部件项目、废钢铁残次材综合利用项目、废塑料无机改性 4 个项目。

（4）哈尔滨国家环保产业园

产业园位于哈大齐工业走廊，园区总规划面积 10 km²，规划建设环保清洁能源产品、环保新材料、洁净类产品、国际履约项目、废旧物资综合利用、绿色有机食品加工等 6 个产业群。园区基于循环经济理念构建第三代工业园区，以环保高新技术辐射工业走廊和生态农业区，成为生态省建设的技术、产品基地，逐步建设成为工业化配套与商贸、金融、科技等基础设施相协调的具有国际竞争力的新型工业区。

7. 西北地区

环保产业发展整体偏弱，大部分省份尚未形成规模大、影响力大、辐射强的产业园区，绝大部分环保产业主要依托于一些国家级或者省级高新技术园区等工业园区。

（1）西安国家环保科技产业园

产业园 2001 年经原国家环境保护总局批准设立，采用一园三区的形式规划建设。园区主要以科技服务产业为核心，积极发展包括环境友好型产品和环保设备材料生产在内的环保科技产业，形成了以西电集团、陕鼓动力、西安开米、艾默生科技为核心的环保产业集群，目前已构建了完整的环境质量管理体系和环保政策体系。

（2）乌鲁木齐经济技术开发区（头屯河区）

经开区于 1994 年经国务院批准设立为国家级开发区，2003 年国务院批准在开发区内设立国家级出口加工区。2011 年，经济技术开发区与乌市主要工业区头屯河合并，经开区进入了一个新的历史发展阶段。目前，节能环保以及新能源产业已经在经开区初具规模。一批从事循环经济、新能源开发（风能、光伏）、清洁技术生产等领域的企业已经入驻该园区。园区与环保部中国—上海合作组织环保保护合作中心就推动中亚环保产业合作开展了相关活动。

（3）西安高新技术开发区

开发区于 2012 年正式确立，规划建设占地 5 km^2，是集产业服务、信息交流、技术推广、人才培养为一体的专业化的环保科技产业园，提供企业孵化器、技术市场、中试和公共实验室等服务，打造高理念、高技术、高附加值、高竞争力的环保产业集群，目标是带动西安市乃至陕西省的产业结构的优化和环保产业的快速发展。

8．西南地区

受制于区域经济发展水平限制，西南的云南、广西两省区环保产业发展整体水平不高，市场竞争力弱，门类相对单一。

（1）昆明海口工业园区

昆明海口工业园区是云南省的老工业基地，也是 40 个省级重点工业园区之一。园区规划面积 32.34 km²，主要发展磷化工、光机电一体化、新材料、节能环保等产业。

（2）粤桂合作特别试验区

粤桂合作试验区所在位置为广西梧州市和广东肇庆市两市交界为中轴，由双方各划出 50 km²、共 100 km² 组成。目前，该试验区已规划了环保产业发展园区，并积极开展中国—东盟环保技术和产业合作交流示范区的申请以及规划编制工作。

（二）环保产业园区发展的主要模式

经过多年的发展，我国环保产业逐渐从初期以"三废治理"和环境基础设施建设为主的业态，向环保节能产品、环境服务、资源循环利用等领域延伸，环保产业园区建设主要形成四种发展模式。

一是制造业聚集模式。企业多以环保装备制造为主业，处于产业链下游，形成和发展在一定程度上源于当地的环境产业特色。如江苏宜兴环保科技工业园、湖南环保科技产业园等。

二是城市建设模式。这种模式下的园区主要依托有节能环保特色的房地产项目开发，形成环保企业的集聚和发展，如中—新天津生态城。

三是循环经济模式。现阶段我国的循环经济园区基本是以废弃物拆解加工为主，比较典型的是天津子牙循环经济产业区。

四是商业服务模式。此类园区致力于成为环境产品的交易平台，或以提供商业服务作为主要特点吸引产业链上下游企业的入驻。如上海花园坊节能环境产业园和中国宜兴国际环保城，前者引入了上海环境能源交易所，后者定位为环保设备的交易展示基地。相比于制造业聚集模式，商业服务模式更加符合环境产业向现代服务业转型升级的趋势。

（三）环保产业园区建设存在的主要问题

一是产业政策不清晰。由于缺乏明确的政策导向，环保产业园区相对于高新技术园区等其他类型的园区，缺乏特色和竞争优势。环保产业园区自身的经营状况和对外部企业的吸引力都受到影响，客观上造成了园区经营困难。一些园区不得不改变规划，放宽选择范围，导致入园企业良莠不齐，流动性大，缺乏产业方向，进一步加大了聚集效应形成的难度。

二是市场机制不完善。尽管近年来国家对环保的投入不断加大，为环保领域带来了巨大的商业需求，但由于市场机制尚未完全确立，大量环保需求并未有效激活市场。同时，整体战略规划及具体的指导细则滞后，导致一些不具备环保产业聚集发展要素的地方，盲目开展环保产业园建设，环保产业园盲目发展、重复建设问题突出。

三是产业层次低。多数园区对产业升级缺乏深入研究和科学布局，整体产业层次偏低，大都停留在制造环节。园区内企业同质性高，没有形成相互支撑、相互依存的专业化分工协作产业网络。随着环境市场需求的日益复杂化和综合化，难以跟上产业升级的步伐。

四是专业化程度低。大多数产业园区配套服务不到位，针对环境产业的金融服务和政策咨询服务多处于空白状态。薄弱的服务水平也使园区在产业结构调整和升级中显得被动，环境产业聚集的优势难以体现。

二、绿色"一带一路"建设给环保产业园建设带来机遇

一是打造交流平台，拉动有效需求。依托现有产业园，充分发挥园区的地缘、产业优势，鼓励各种机构参与创新完善"一带一路"相关国家的合作机制，提升"一带一路"相关国家环境管理能力，传播中国环保产业优势技术、设备、产品及服务，扩大国际市场空间，引导国内环保企业有序竞争。

二是完善体制机制，驱动技术创新。完善环保产业"走出去"体制机制，发挥环保产业园技术、人才、资金等要素功能，结合"一带一路"相关国家国情，攻关突破一批实用性强、性价比高的关键技术和重点装备产品，加强技术创新、转移和成果产业化应用，提升我国环保产业自主创新能力和国际竞争力。

三是服务外交大局，突破重点领域。选择"一带一路"重点国家和区域，结合相关区域（国家）环保重点领域、关键环节，发挥相关产业园区产业优势，支持关键环保技术转移，支持相关国家环保能力建设，树立中国负责任环境大国形象，服务国家外交大局。

四是参与国际竞争，引导创新发展。鼓励环保产业园区完善产业服务平台建设，支持国内环保企业"走出去"，通过参与国际竞争，完善以企业为主体、产学研用合作的技术创新体系，大力推动环境合同管理、特许经营等节能环保服务新模式，以外促内，提升环保企业核心竞争力，推动节能环保设施建设，创新环保产业发展模式。

三、相关工作建议

绿色"一带一路"建设为我国环保产业"走出去"带来重大机遇，应加快推进环保产业园区建设，有效发挥市场在资源配置的决定性作用，充分体现产业聚集区的发展趋势，为环保产业"走出去"和环保产业转型发展提供实体平台，为绿色"一带一路"建设提供服务保障支撑。

（一）加强顶层设计，鼓励先行先试

统筹谋划，从国家层面制定"一带一路"环保产业园区发展建设规划，明确园区建设对环保产业"走出去"重要的支持作用。根据各地在"一带一路"建设中的核心定位和功能，制定未来 5 年环保产业和技术转移示范基地的建设规划，确定"一带一路"沿线重点合作区域及重大国家，制定园区建设路线图。

一是在环保产业集聚基础比较好的地区，利用具有特色环保技术的园区，建立与"一带一路"沿线国家的环保产业交流示范区。如依托宜兴环保科技园，以水处理技术转移为重点，打造中国—东盟环保产业与技术交流示范基地。

二是在经济较为发达、环保产业和技术发展势头好的地区，建立"一带一路"环保技术转移基地，促进我国自主创新技术转移和环保产业、标准、技术等"走出去"。如借助深圳市在环保理念、技术等方面的优势，突出的"外向型"发展意识和比较扎实的工作基础，建立"一带一路"环保产业合作与技术转移基地，打造创新驱动的环保产业国际交流合作试验基地和国际环保公共科技服务平台，承

担起环保技术合作与转移的桥头堡功能。

三是以"一带一路"核心功能定位为导向，依托新疆、陕西、黑龙江、福建等地的产业园区，建设面向中亚、俄罗斯等地的环保技术中心或产业园区。

近期可以江苏宜兴、广东深圳为先导和示范，推动相关项目落地，见到实效。通过先行示范，探索行之有效的发展模式，带动一批园区成为"一带一路"提供服务保障的支撑节点。

（二）注重典型带动，分步推动园区国际合作

制定示范基地发展规划，大力推动"一带一路"沿线省份和重点城市开展环保产业园区建设示范工程，引导示范基地充分发挥所在地的产业、地缘等优势，建成一批产业链完整、创新能力突出、技术特点鲜明的国际环保产业合作交流示范基地。

一是对江苏宜兴环科园等已与"一带一路"沿线国家开展环保技术和产业合作交流的园区，应着重推动务实合作，加大人员交流与合作力度，推动"走出去"项目落地。

二是对乌鲁木齐经济技术开发区、哈尔滨环保产业园等积极对接"一带一路"建设的园区，应积极参与园区相关规划编制，进一步明确定位，将相关园区纳入"一带一路"环保支撑实施方案。

三是对"一带一路"核心区和重点城市，特别是广东、福建等既有合作条件又有合作意愿的省市，应充分发挥当地优势资源和能力，在深圳、厦门等地建设具有典型示范意义的"一带一路"环保产业合作与技术转移基地或中心。

（三）完善产业服务平台，建立园区对外合作渠道

突出环境服务业的发展，构建多层次、多功能的服务体系和综合公共服务平台，促进环境金融、环境信息、环境教育、环境科技、环境咨询等环境服务业机构在基地被聚集，提升服务水平和产业聚集力。

结合环保国际合作机制，为相关园区开展产业合作提供对外交流渠道和合作平台，分享中国特别是东部沿海地区环境污染防治方面的经验，宣传中国生态文明建设成就；搭建与"一带一路"沿线国家的技术交流平台，推广先进环境污染防治技术装备；扶持和组织实施对外环保技术交流合作与转移示范项目，建立与

"一带一路"沿线国家环境污染防治的长效合作机制。联合企业、科研机构和社会团体共同推进"一带一路"环境保护国际合作，为绿色"一带一路"建设和我国东部沿海地区城市综合竞争力的提升及转型发展提供支撑。

（四）加大资金支持力度，支持园区能力建设

设立对外环保产业合作交流示范基地建设专项资金，支持地方环保产业园区"走出去"基础能力建设，引导基地建设在全国的布局，推动产业园区的环保产业发展模式转型升级。发挥市场机制作用，撬动社会多渠道资本共同参与对外合作，针对东西部地区特点制定差别化政策。

（五）加强与地方政府合作，支持地方环保产业发展

加强部省协同配合，在政策的制定、专项财政资金使用上，重点支持示范基地的发展，引导地方政府加快落实相关配套措施，共同建设基地，推动地方环保产业发展。考虑在签署国家环境合作协议（备忘录）时，将有关能力建设项目纳入环保产业园区建设范畴，通过打造双边环境合作典范，加强我国环保产业对外宣传。

我国环保产业国际化发展趋势分析

丁士能　　周国梅

当今世界，发展绿色经济已经成为一个重要趋势和国际潮流，在经济发展与资源环境矛盾日益突出的情况下，发展绿色经济不仅可以促进节能减排，而且能够扩大市场需求，是保护环境与发展经济的重要结合点。发展绿色经济必须要有以节能环保产业为代表的绿色产业作为支撑，同时发展绿色经济将为以节能环保产业为代表的绿色产业创造了巨大的市场空间。随着全球经济一体化进程的加快以及国家"走出去"战略的提出，我国环保产业也不可避免地面临着国际竞争。面对挑战，环保产业如何应对，本文结合我国环保产业自身发展现状给出了如下建议：政府引导，搭建环保产业国际化发展平台；发挥市场机制作用，提升龙头企业产业链整合能力；搭建服务与技术支撑平台，为产业国际化发展提供支持；融入区域环境合作机制，打造环保产业国际合作示范基地。

一、环保产业"走出去"迎来发展机遇

2012 年以来，中国政府先后发布了《"十二五"国家战略性新兴产业发展规划》和《"十二五"节能环保产业发展规划》，进一步明确了包括环保产业在内的战略性新兴产业的发展目标、方向和任务。在目前国际环保市场分工格局尚未完全形成的背景下，尽快实现中国环保产业由大变强，不仅要立足中国国内、扩大内需，更要积极参与国际竞争。通过环保产业的国际化发展，有助于拓宽我国产业发展市场空间，带动产业升级；同时，国际化发展也是反哺环保企业竞争力的有力手段，更是优化中国对外投资结构、推动绿色投资和可持续投资的重要举措。因此，环保产业国际化发展对中国环保产业发展具有重要意义。

2013 年 8 月，国务院发布了关于加快发展节能环保产业的意见。该意见指出加快发展节能环保产业，对拉动投资和消费、形成新的经济增长点、推动产业升级和发展方式转变、促进节能减排和民生改善、实现经济可持续发展和确保 2020 年全面建成小康社会具有十分重要的意义。其中，通过国际化发展支撑环保产业发展成为该意见的重要内容。

2013 年 11 月 14 日，国务院总理李克强在会见中国环境与发展国际合作委员会 2013 年年会的外方代表时表示，中国政府鼓励民营和社会资本进入节能环保产业，也愿推动中国的节能环保产品和相关基础设施建设更多走向世界，向各国开放。人类只有地球这一个家园，中国愿与各国加强国际合作，不仅交流思想，也包括加强技术和产业合作，共同推动生态文明建设。

环境保护部李干杰副部长在 2013 年召开的全国环境保护国际合作工作会议中也将提升我国环保产业国际化水平列为环保中心工作的重要支撑点。

二、我国环保产业国际化发展趋势分析

（一）我国环保产业优势

多年来，在环境治理和环保政策措施的驱动下，我国的环保产业得到迅猛发展，无论是在产业规模、技术水平还是市场环境等方面都具有良好的发展基础。其主要优势如下：

1．环保产业体系基本建成

2009 年我国环保产业从业单位近 5 万家，从业人员 350 多万人，产值 9 500 亿元；预计到 2015 年，我国节能环保产业总产值会达 5.3 万亿元，相当于我国同期国内生产总值的 10%，年均增长率达 20%，节能环保产业骨干企业产值年均增长率达 30%。

经过 30 多年的发展，我国环保产业已形成了包括环保产品生产、洁净产品生产、环境服务提供、资源循环利用、自然生态保护等多门类的环保产业体系，为我国环境保护事业的快速发展提供了重要的物质保障和技术保障。

2．部分环保技术达到国际先进水平

近年来，随着我国经济和社会的不断发展，环保技术水平也不断提高，通过自主研发与引进消化相结合，我国环保技术与国际先进水平的差距不断缩小，部分技术达到国际先进水平。目前，我国主要的环保技术与产品可以基本满足市场的需要，并掌握了一批具有自主知识产权的关键技术。在大型城镇污水处理、工业废水处理、垃圾填埋、焚烧发电、除尘脱硫、噪声与振动控制等方面，已具备依靠自有技术进行工程建设与设备配套的能力。

3．环保产业具有一定的比较优势

以东盟国家为代表的发展中国家，经济发展水平较低，基础设施薄弱，对环境保护的需求日益迫切。同时，这些国家又处在与中国相近的发展水平。在这些地区，相较于高标准、高成本的欧美环保技术设备，中国物廉价美的环境产品、服务更具有竞争优势，这为中国环保企业开拓国际市场创造了条件。

4．法律、法规体系基本完善，产业政策支持稳定

20 世纪 70—80 年代，我国确立了"全面规划、合理布局、综合利用、化污为利、依靠群众、大家动手、保护环境、造福人民"的环境保护产业政策，将"国家保护环境和自然资源防治污"写入《中华人民共和国宪法》。1979 年的《中华人民共和国环境保护法（试行）》将环境保护视为基本国策，实施了"谁污染谁治理"、"预防为主，防治结合"、"强化环境管理"等政策。1990 年，出台了《关于积极发展环境保护产业若干意见》，把环境产业列入了优先发展的领域。20 世纪 80—90 年代，制定、修订了《大气污染防治法》、《固体废物污染防治法》、《水污染防治法》等环境法律。在相关法律法规的不断颁布的情况下，20 世纪 90 年代我国环保市场基本形成。

21 世纪初，在确定优先发展环保产业的重点领域为环保技术装备、环保材料、环保药剂、资源综合利用、环境服务之后，中国政府还陆续出台了《中华人民共和国环境影响评价法》（2003）、《中华人民共和国清洁生产促进法》（2012 修订）等法律、法规，为环保产业发展提供了保障。

（二）我国环保产业发展的短板

随着环保产业日益发展，其不足之处已经逐步显现。

第一，环保产业与技术研发能力薄弱。

发达国家的环保技术正朝着高精尖方向发展，其新能源技术、新材料技术、生物工程技术等正在不断地被应用于环境产业。尤其水污染控制、大气污染控制、固体废弃物处理等方面的技术已处于领先地位。

虽然我国环保产业发展迅速，部分环保技术与产品达到国际水平，但大部分环保技术及产品与发达国家相比有一定的差距，总体水平不高，大多数环保企业的技术开发投入不足，科研设计能力有限，产品大多为常规产品，技术含量不高，尤其在新技术、新工艺、新设备的开发方面经验不足。技术力量薄弱的直接后果是，我国的大部分设备及核心技术无独立的知识产权，长期依赖进口，在环保市场国际化时，国外产品会抢占先机争夺国内市场份额，使我国的环保企业举步维艰。

第二，环保投资总体不足。

国际经验表明，当一国的环境投入占国民生产总值的 1%～1.5%时，只是可以使环境恶化的趋势可控，只有当此比例上升到 2%～3%时，环境质量才会有所改善。"十一五"期间我国环境的投入为 1.54 万亿元，根据我国的"十二五"规划，"十二五"期间我国的环境投入上升121%，约为 3.1 万亿元，"十二五"期间我国的环境投入年平均增长 24.2%。我国"十一五"期间的环境投入约占 GDP 的 0.7%，即便"十二五"期间增加了环境投入，也还不足 1.5%，因此环境质量的改善还任重道远。

第三，环保产业布局不合理，企业规模小。

首先，产业规模布局不合理。据调查，2005 年，我国环保产业中固定资产小于 1 500 万元的小规模企业 7 954 个，占环保企业的 68.4%；1 500 万～5 000 万元的中型规模企业 1 899 个，占环境企业总数的 16.3%；固定资产大于 5 000 万元的大型规模企业 1 770 个，仅占环境企业的 15.3%。我国的环保产业中小型企业占有比例过大，企业布局此结构，没有一家企业占有重要的市场份额，环保产业缺少领头羊。其次，产业地域布局不合理。环保产业主要集中在东南沿海与长江流域，浙江、江苏的环保产业年收入达 200 多亿元，山东、辽宁、广东、湖南等省份的环保产业年收入在 100 亿～200 亿元，其中北京、上海、江苏、浙江、山东、广东、辽宁、吉林、四川、湖南等省份的环保产业总产值占全国的 80%以上，中西部地区的总产值份额不足 20%。

造成以上短板的原因，主要是以下几点：

1. 环境保护政策偏弱，难以创造强有力的市场

环保产业是一个政策引导型的产业，对国家政策具有很强的依赖，产业发展的驱动力来自于政府依据相关法律法规，严格治理污染并进行有效的环境管理。近些年，国家在环境保护的顶层设计上做了大量工作，相继出台了一系列环境保护及产业规划，制定了相关政策法规路线图，发布了国家主体功能区规划；党的十八大将生态文明上升为治国之本，提出建设美丽中国。

但是，在唯 GDP 论政绩考核机制下，地方政府将经济发展作为首要追求目标，导致了其对于环保公共服务缺乏持续的监管和切实的投入，阻断了真实环保需求的顺利释放，严重影响环保市场的稳定化和扩大化，也导致了在没有稳定预期的情况下，企业无法进行持续稳定的投入和研发，影响了企业创新和稳健成长的积极性。

此外，法律中对环境质量负责制的规定过于原则，对环境质量恶化究竟应该追究谁的责任、如何追究责任都没有明确的规定，导致环境质量责任制长期得不到落实；一些环境管理制度不适应需要，环境法律配套滞后，环境标准偏低，有法不依、执法不严、违法不究的现象还比较普遍。因此，环保产业在实际发展中面临着驱动力不足的现实。

2. 环保产业碎片化发展，整体实力不强

一方面由于水、大气、固废等环境要素的广泛性和难以可量性，另一方面由于环保治理管理权在地方的地域区隔性，使得环保市场区域特性明显，无法形成全国市场。与啤酒水泥等行业相似，环保产业的区域特性导致了地方保护主义，这阻碍了环保企业的区域扩张，使得产业呈现原子化的状态，环保产业纵向整合和横向专业分工及协作水平低下。企业缺乏大规模、高效率的集约化生产，削弱了技术创新的动力，从而影响了产业组织整体效率的提高。同时在国内无法应对上游国际巨头的挑战，在国际市场上受制于自身能力而无法实现国际布局。

3．民营企业实力不足，成长空间有限

近些年来，随着国家经济的快速发展，公私所有制经济体得到了迅猛发展。但是，依托于政府强大的支持，公有制经济体无论是在优惠政策获取还是融资规模和便利性方面，远远超过私有制经济体。

在环保产业中，我国目前形成了公众、政府、环保服务企业这一利益—责任—服务链条（大气治理产业机理机制有所不同），即公众是需求和受益主体，政府是责任主体，环保服务企业是服务主体。因此，由于环保公用事业的属性，对于公有制经济体有着自然的偏好。而此时，私有制经济体的高效率以及基于市场的最优配置优势往往被忽略。在一定程度上，目前环保产业中的私有制经济体是在捡环保市场的"边角料"，成长空间难以实现质的突破。

三、"走出去"和国际化战略推动环保产业发展

随着生态文明建设的提出，中国已不可能重复国外的"先污染后治理"的环境治理老路。这注定中国环保产业的发展应走环境保护与经济发展协调共进的创新性发展模式。随着中国和世界环保市场开放程度不断加深，中国环保产业不可避免面临全球产业挑战和竞争。通过提升中国环保产业国际化水平，即实施"引进来"和"走出去"，对克服中国环保产业发展劣势，提升产业核心竞争力，探索符合中国环境保护工作实际的中国环保产业发展模式，实践"在保护中发展，在发展中保护"具有积极意义和现实作用。

（一）国际化发展将有利于优化产业发展环境

2013 年 11 月，李克强总理关于中国环保产品和基础能力建设向各国开放的讲话精神，意味着未来将有更多的外国优秀环保企业进入中国，随着这些企业的进入，中国的环保产业的国际化水平提高，发达国家推动环保产业发展的先进理念将为中国各级政府带来冲击。而 2013 年 11 月 15 日，十八届三中全会通过的《中共中央关于全面深化改革若干重大问题的决定》，提出要着力解决市场体系不完善、政府干预过多和监管不到位问题。

在以上因素的推动下，我国环保产业发展环境将在不久的将来发生重要改变，

发达国家先进的产业发展体系将会被作为参考，市场将在资源配置中起决定性作用。特别是随着十八届三中全会公报中提出的加大环境治理力度，地方政府的环境污染监管和治理的自觉性将得到极大提高。可以相信，未来，我国的环保需求将得到极大的释放，环保市场的稳定性将得到极大提高。这都为我国环保市场的发展提供了良好的发展环境。

随着环保产业国际化发展，看中我国环保市场潜力的外国企业除了会为我国带来先进理念和技术，还会带来更多的资金。十八届三中全会公报提出，中央将上收事权财权。由此一来，地方政府在环保方面的权利或许将萎缩，而加大对环境污染的治理力度将使地方财政更加紧张。这就为多渠道资金进入环保市场创造了机会，我国私营环保企业进入具体环保领域的"看不见"天花板将会被打破。

（二）国际化发展将有利于推动环保产业全产业链融合

一个理想的环保产业其上游是一个接近充分竞争的市场，市场上存在大量的中小型供应商和服务机构，企业之间围绕价格、产品和服务质量开展竞争。对卖方而言，企业的整合能力是项目竞争力的关键，这种整合能力既包括对上游供应商的整合，也包括对资金、技术等各种要素的整合。

现状是我国环保企业多为中小型企业，市场占有率不高，整个行业缺乏领头羊。因此，我国环保企业产业链整合能力普遍不高。因此，我国的环保企业在"走出去"过程中，多是为相关项目总承包企业提供配套服务，如设备提供，基础设施建设等。

提高我国环保产业国际化水平，实施"走出去"战略，意味着我国政府要打破地方保护主义，防止产业碎片化发展，创造良好的发展环境，为培育相关行业龙头企业提供支持。同时，环保企业也要努力提升自身产业链整合能力，努力满足卖方对项目总承包的要求。

（三）国际化发展将有利于提升环保产业核心竞争力

技术、市场和资本是产业发展的三大基本驱动力。一个产业的形成、发展及结构的演变，取决于多方面的因素，其中技术进步与创新起着决定性的作用。可以说，环保技术是环保产业在面对国际竞争的核心竞争力。李克强总理在第七次全国环保大会上明确提出要统筹协调推进转型、发展和环保的关系，将扩大内需与发展环保产业紧密结合起来，运用高新技术改造传统产业，促进环保产业升级和培育新的增长领域。时任环保部部长周生贤在第二次全国环保科技大会上强调："要通过科技手段创新环境管理理念，积极开展环保技术引进、研发和推广，努力抢占环境技术制高点。"

目前，我国环保产业大部分设备及核心技术无独立的知识产权，长期依赖进口。因此，要提升我国环保产业科技水平，除大力推动建立以企业为主体、产学研相结合的环保技术创新体系和长效机制的建立外，还应加强国际交流与合作，推动环保产业国际化发展，通过激励机制的建立，鼓励环保企业对国外先进技术的引进、消化、吸收、再创新；同时，环保企业还应在"走出去"过程中，加强与目标国科研机构的联合研究，发展符合目标国实际情况的实用型环保技术和产品。

四、对策建议

目前，环保产业国际化发展趋势越来越明显。特别是在十八届三中全会之后，深化改革开放成为我国未来经济发展的主线。我国环保市场深化开放也是大势所趋。以"走出去"和"引进来"为主要内容的我国环保产业国际化发展已经开始在我国环保企业中开始实践。针对我国环保产业的国际化发展需求，建议开展以下工作。

（一）政府引导，搭建环保产业国际化发展平台

全面研究我国环保产业现状和发展趋势。制定和完善"引进来"和"走出去"政策支持体系。

对"引进来"的内容，不仅仅要引入先进的环保技术，还应考虑到 FDI（外商直接投资，Foreign Direct Investment）对环保产业的投资，同时，还应注重国外产业链整合能力强的环保企业的引入，通过加强产业内的自由竞争，提升我国环保企业的整体竞争力。

对于"走出去"战略的实施，应确定我国环保产业在发达国家以及发展中国家市场中的比较优势、优先领域。同时，对于交易模式、目标国别、具体途径以及政策需求予以重视，加强对企业的引导。此外，还应完善环保产业相关标准

（包括基础设施建设标准，污染物排放标准、相关环境服务标准等），推动其国际化，为环保产业"走出去"提供技术支撑。从发达国家环保产业国际化经验来看，以环保理念、法规、标准等"走出去"带动环保产业"走出去"，是其国际化发展的有效途径，为环保产业可持续"走出去"创造了良好的政策、标准等支撑环境。

（二）发挥市场机制作用，提升龙头企业产业链整合能力

建立、健全环保产业市场机制，为我国环保产业发展提供良好的发展环境。改善环保产业规模和地域布局，扶持环保出口龙头企业，提升环保产业聚集区的产业聚集水平；遵照市场规律，鼓励环保企业提升产业链整合能力。鼓励规模企业在自身发展壮大的同时要利用资源积极辅助小企业，实现以大带小、促进共赢。指导中小企业向专业化、精细化、特别化发展，提高为产业链整合能力强的企业提供专业的配套服务的水平。

（三）搭建服务与技术支撑平台，为产业国际化发展提供支持

通过召开形式多样的交流平台，构建多边产业合作网络，为我国与外国环保企业搭建沟通与合作平台；搭建环保产业国际化发展公共服务平台，为外国企业投资我国环保企业提供支持，为引进优秀环保技术提供服务，为我国环保企业"走出去"提供相关信息、政策需求等支撑，为相关国家的环保标准制定提供援助，为环保企业进入该国市场奠定良好的产业环境；通过公共服务平台，为外国企业在我国建设示范项目提供支持，也为我国环保产业优秀技术和产品提供宣传服务；此外，利用公共服务平台，通过第三方技术筛选，制定适用的环保技术清单，并根据清单上的技术，建设一批对外环保示范项目，提升我国环保企业的知名度，推动我国环保企业"走出去"。

（四）融入区域环境合作机制，打造环保产业国际合作示范基地

环境保护技术交流与产业合作是区域环境保护国际合作的重要内容之一。目前，中国与东盟各国、中国与日韩、中国与上海组织成员国都是区域环境合作的重点区域。特别是东盟国家，已经成为我国环保产业"走出去"的重要目标国。而相较于欧美昂贵的环保技术，具有一定成本和地缘优势的日韩已经成为我国重要环保技术的引进国之一。

目前，与东盟的产业合作已经纳入了"中国—东盟环境保护合作战略"。2013年10月9日，中国务院总理李克强在斯里巴加湾市出席第16次中国—东盟（10＋1）领导人会议时提出了中国与东盟的"2＋7"合作框架，其中，在环保领域，我国将提出中国—东盟环保产业合作倡议，建立中国—东盟环保技术和产业合作交流示范基地。对此，中方拟定了中国—东盟环境保护技术与产业合作框架，并计划在广西壮族自治区以及江苏省宜兴市进行中国—东盟环保技术和产业合作交流示范基地试点工作。

而在中日韩环境部长会议机制下，企业论坛、中日韩循环经济研讨会、中日韩环保产业圆桌会作为中日韩环保产业合作平台，为环保技术转移发挥了积极作用。

将环保产业国际化发展融入区域环境合作机制，以打造以环保产业国际合作示范基地为代表的合作平台为重要手段，已经成为未来中国环保产业国际化发展的重要途径。

因此，建议将东盟国家作为中国环保产业"走出去"的重点领域，以落实李克强总理讲话为契机，支持中国—东盟环保技术和产业合作交流示范基地在广西和宜兴的试点工作；在中日韩环境部长会议机制下，应结合我国企业的实际需求，加强相关会议的平台作用，广泛吸纳中日韩三国环保企业参与其中，推动中日韩三国环保技术转移与联合开发。

此外，随着中国—上海合作组织环境保护合作中心的建立，上海合作组织成员国将是未来中国环保产业合作的潜在国。因此，建议对上海合作组织成员国的环保产业现状进行调研，开展产业政策交流，为双方合作开展顶层设计，推动建设中俄环保技术与产业合作示范基地，为未来打造中国与上海合作组织成员国的产业合作示范基地进行探索。

同时，建议发挥亚欧会议平台作用，结合目前的环保热点，开展以大气等领域污染防治政策和技术交流，加强亚欧国家间污染防治能力建设合作，推动大气防治、水处理、固体废弃物处理等技术国际转移，加强我国环保企业在这些领域的技术储备，推动我国实用型环保技术和产品在发展中国家的推广。

区域环保产业合作

"一带一路"背景下中国—中亚绿色产业合作思考

奚 旺　段飞舟

　　"一带一路"愿景与行动,将加强生态环境保护合作列为积极推动务实合作的八大领域之一,提出要推进中国与"一带一路"国家的环保产业合作,通过建设国际技术转移中心、各类跨境产业园区等手段,促进新兴产业、清洁技术的交流与合作,共建绿色丝绸之路。中亚地区地处欧亚大陆腹地,是重要的资源能源产地,也是中欧贸易的重要陆上通道,发展潜力广阔。同时,中亚国家也面临着工业化、城市化带来的环境污染和生态退化等诸多亟待解决的问题。"一带一路"建设强调在投资贸易中突出生态文明理念,加强生态环境领域合作,为拓展和深化中亚区域绿色技术与产业合作提供了新的契机。本文通过从国家政策、工业园区发展以及环境治理需求三个方面分析了中亚各国绿色产业发展的形势,结合我国新疆地区绿色产业发展的实践,提出充分利用新疆"一带一路"核心区优势,促进中国—中亚绿色产业合作的建议。

一、中亚国家的绿色转型

　　以中亚国家为代表的"丝绸之路经济带"沿线国家,光热资源丰富、传统能源富集、土地沙化严重,具有发展绿色环保产业的地理和资源优势。近年来,中亚各国开始向绿色经济转型,颁布了一系列政策,以期通过生态环境建设、鼓励发展绿色技术和相关产业来实现绿色增长。

(一)各国绿色经济政策

　　绿色产业的发展需要政府利用经济和规制手段,对相关企业进行经济激励及补贴，使得绿色产业成为政府驱动、市场化运作的产业，国家规划、标准的制定成为绿色产业发展的重要驱动力。中亚各国在绿色经济发展方面，均积极推动制定相关政策、法规，以促进本地区生态环境质量改善和可持续发展。

哈萨克斯坦 2012 年提出"绿色桥梁伙伴计划"倡议，2013 年颁布《哈萨克斯坦向绿色经济过渡的行动纲要（2013—2020）》，2014 年颁布水资源管理和治理、生活固体垃圾改造和回收系统的国家纲要，并成立向绿色经济过渡的委员会。

乌兹别克斯坦颁布的《关于 2015—2019 年在经济和社会领域降低能耗、应用节能技术的行动纲领》，指出在发展经济过程中引进和应用先进的环保清洁技术，保护生物多样性和生态系统。吉尔吉斯斯坦、塔吉克斯坦及土库曼斯坦相继制定了水资源管理、发展清洁技术及绿色经济的国家政策，其中吉尔吉斯斯坦已成为"绿色桥梁伙伴计划"成员之一。

总体上，中亚国家在绿色经济领域已形成共识，制定了一系列政策、规划，加大了对清洁技术、环保基础设施、污染治理的投资，并严格污水排放、垃圾处置等环境标准，鼓励政策和行业监管的双重措施，释放绿色技术和环保需求的同时，催动中亚各国绿色产业的加速发展。

（二）环境治理和生态修复

近年来，中亚各国环境污染情况日益显著，加之各国地理、气候等因素的不利影响，水资源短缺和水质污染、大气污染、固体废弃物污染、土地退化、生物多样性损失等生态环境问题频繁出现，已成为影响中亚国家经济社会发展，甚至影响地区稳定的主要障碍之一。而开展能力建设、提高环保标准、发展清洁技术、生产环保产品、开发生态资源、普及环保意识等，成为促进中亚国家绿色发展和改善民生的重要方式之一。

中亚国家由于自身经济条件和技术力量的限制，环境治理经验、技术力量以及资金等方面的问题，亟需国际社会通过各种形式帮助解决本国的环境污染问题。在环保技术方面，中亚国家在环保科技领域的投入较晚，环保技术及设备多是来自俄罗斯、欧盟以及美日的援助项目，今后利用国际环保技术治理本国环境问题将是其发展趋势。在基础设施建设方面，中亚国家污水处理设施、垃圾处置设施以及相关配套设施的建设严重滞后，亟需国际社会资金和技术力量填补国内空白。

（三）工业园区建设

中亚各国依托工业园区，积极培育和发展产业集群，重点提高矿产开采冶炼、石油深加工、机械制造、纺织、农产品加工等行业的竞争力。工业园区的主导产业的集聚也带动了新能源、节能环保、农业高新技术、新材料的高速发展，为各国园区的绿色发展和技术创新带来了新的活力。

哈萨克斯坦2004年启动了在卡拉干达市、阿特劳市和阿拉木图市的三个工业园区建设，主要行业涉及矿产冶金、机械制造、石油天然气深加工、新能源开发等。经过十多年政策、资金的倾斜，园区已拥有完备的基础设施、高新技术、人才体系等。乌兹别克斯坦将工业区视为提升国家实力和发展地区经济的重要推手，积极推进纳沃伊自由工业区、吉扎克工业特区等工业区建设。

我国与中亚五国在工业园区的合作是"一带一路"中的亮点，我国绿色发展的理念也充分融入中亚各国的工业园区建设中。目前，乌兹别克斯坦的吉扎克工业特区已成为中乌经贸合作的重要平台，制定了针对中国企业入驻的各项优惠措施和扶持政策；吉尔吉斯斯坦与陕西建工集团就建设比什开课工业园区签订了合作意向；土库曼斯坦与青海绒业集团共建"阿什哈巴德工业园"；塔吉克斯坦与新疆中泰集团正在推进建设农业纺织园项目，我国与中亚各国合作建设工业园区项目开展得如火如荼。

二、新疆与中亚地区绿色产业合作的基础

2012年，新疆就将绿色产业作为优先发展产业之一，并提出了绿色产业发展思路和目标，表示将推动新能源、新材料、节能环保等产业的发展。近年来，新疆积极打造国际合作平台、开展境外园区建设等，为开展"一带一路"绿色产业合作奠定了坚实的基础。

（一）将中亚合作作为绿色产业发展的重点

在绿色"一带一路"建设背景下，新疆前瞻性地提出要进一步加强区域生态环保合作，建设面向中亚的生态环保合作基地，打造创新驱动的试验基地和国际生态环保公共科技服务平台，承担起环保技术交流与合作的先行区功能，以生态

环保产业国际化发展促进绿色经济转型，服务新疆"五大中心"建设，为推动建设绿色"一带一路"提供重要抓手。

面向中亚的生态环保合作基地将通过构建中国—中亚生态环保国际合作网络，提升中亚地区绿色产业的信息收集能力；借力绿色使者计划，推动区域内各国绿色技术交流、人员培训以及示范项目的开展；完善新疆绿色产业国际合作公共服务体系，为企业绿色发展提供创新、金融、法律、保险、物流信息等全方位综合服务；重点发展节能环保产业，促进新能源、新材料、静脉产业、环保装备及服务业的壮大，使之成为新疆新的经济增长极，实现经济发展提质增效。

（二）积极推动中亚"境外园"建设

哈萨克斯坦中国工业园作为"丝绸之路经济带"的重要项目，是中国在哈萨克斯坦建设的首个"境外园"。园区位于哈萨克斯坦曼吉斯套州阿克陶海港经济特区，由新疆三宝集团和乌鲁木齐经济开发区投资公司共同开发，重点聚焦石油运输设备、机械制造、金属制品、化学工业、建材工业五大核心产业。境外园项目立足于哈国本国市场，以满足哈国市场需求为核心，同时，借助境外园的平台，实现企业全面拓展中亚市场的战略格局。

中哈境外园在帮助企业拓展境外市场的同时，重点关注园区的绿色发展，以高起点、高标准、高要求推进节能减排、循环经济发展等工作，引导企业加快实施中水回用、余热利用、清洁生产等节能减排项目，鼓励企业加快生产技术和生产装备的升级改造，以期打造成为哈萨克斯坦工业园区的"绿色名片"。新疆在哈萨克斯坦推动建立的境外工业园，为我国绿色技术和产业走向中亚国家提供了良好的服务平台，将积极促进相关绿色产业的项目落地，推动"一带一路"绿色产业项目的实施。

三、中国—中亚绿色产业合作建议

中亚国家是我国推进丝绸之路经济带建设的核心区域，加强与中亚国家的绿色产业合作不仅是国际产能合作的重要内容之一，也是我国建设绿色丝绸之路经济带的务实行动。为扩大与中亚国家绿色技术和环保产业领域的交流合作力度，发挥新疆"一带一路"的核心区优势，探索开展深层次的务实合作，有效服务于绿色丝路建设，提出以下合作建议。

（一）搭建中国—中亚绿色产业合作网络，促进政府、智库、企业间的对话与合作，建立多层次、高成效的伙伴关系

上海合作组织框架下中国与中亚各国已有良好的环境合作基础，建议未来推动开展政府间双边、多边绿色产业高层对话，分享各国绿色发展理念、绿色标准及促进政策等，为各国绿色产业务实合作提供指引，构建政府间交流合作渠道，探索搭建绿色技术和产业双边合作机制。同时，依托中国—亚欧博览会、绿色使者计划等机制性活动，充分发挥新疆的区位优势，开发一批多方参与的产业交流与对话活动，分享我国先进的绿色技术和环保产品，与中亚各国的产业和环境部门与企业间，建立固定、长效的联络交流机制，不断加强双方在人员、政策、产业等领域的交流，实现双方的信息交流与共享，不断探索和挖掘潜在合作机遇。此外，充分发挥中国与中亚地区国家环保产业协会、商会的桥梁纽带作用，以企业为主体，建立中国与中亚环保行业协会、商会间的交流合作网络。

（二）探索建立中亚绿色产业信息中心，提高中亚绿色产业信息收集能力，服务我国绿色产业向中亚"走出去"

目前，新疆积极打造的新疆软件园和天山云计算产业园，拥有 3.2 万台机柜数规模的云计算数据中心，是集合信息服务、数据存储以及面向中亚及上合组织的离岸云计算数据中心。开展与中亚各国的绿色技术和产业合作，需要获取中亚各国最新的政策与市场动态信息，但是我国企业在开拓中亚市场中存在不熟悉目标国政策标准、投资环境、法律法规以及工程招标等信息缺乏等实际问题。因此，建议依托新疆天山云计算产业园，探索建立中亚绿色产业信息中心，广泛收集和发布中亚各国的环境信息、绿色产业政策、行业动态、规范标准、产品介绍等内容，为政府、企业提供及时有效的信息支持与服务。

同时，通过充分利用信息收集中心的平台作用，积极推介宣传我国优秀的绿色技术和企业，提升中国绿色企业在中亚各国的知名度，引导并组织中国绿色企业结合自身需求参加中亚各国的各类论坛、展览、贸易投资促进团体等。此外，通过对中亚各国绿色产业信息数据的汇总和整理，形成动态的政策汇编手册、办

事流程以及相关专项资金的申报指南等，切实服务于我国绿色产业向中亚各国"走出去"。

（三）推动中国—中亚生态环保合作基地创建，打造成为"一带一路"绿色产业智慧园区

乌鲁木齐经济技术开发区依托其区位、政策优势和市场环境，积极拓展与中亚国家的绿色技术和产业合作，探索建设面向中亚的生态环保合作基地。为推动合作基地建设成为绿色产业智慧园区，服务"一带一路"绿色产业合作。一是建议合作基地加强绿色产业的科研合作，通过共建联合实验室（研究中心）、国际技术转移中心、产业合作中心，新产品孵化中心等，促进绿色技术的学术与科技攻关，共同提升科技创新能力；二是建议合作基地加快完善人才智库建设，聚合大量有关金融专家、经济专家、国别研究专家、咨询专家、律师、会计师、国际媒体公关等新型智库专家，有针对性地为企业经营者带来系统的、综合的目标国政策、投资环境、投资风险等各种海外投资的指引和服务；三是建议扶持基地内企业建立绿色产业基金，尝试让企业自身创新融资渠道，吸引国内及国际优秀绿色企业共同出资，开展面向中亚的绿色合作项目。

此外，建议探索在中亚国家设立境外绿色产业园区，与新疆生态环保合作基地进行对接，为我国开展面向中亚国家的人员能力建设、联合研究项目、环境信息收集、环保示范项目等提供有效支撑，服务绿色丝绸之路经济带建设。

东盟国家环保产业发展现状及合作展望

贾 宁　丁士能

中国与东盟国家均处于经济快速发展阶段，但本地区多数国家的产业集群主要来自于低成本的比较优势而非基于创新的竞争优势。随着经济全球化进程的深化与加快，区域产业分工承受的资源过度开发和环境污染矛盾日益突出，区域内国家在水污染、大气污染、土壤退化、生物多样性丧失等方面的环境风险也日渐显现。因此，应对环境和资源问题的挑战，成为该区域国家面临的一项紧迫的共同问题。

目前，大多数东盟国家为发展中国家或不发达国家，环保产业还处于发展阶段，面临技术、标准和人员能力等多方面因素的制约，无法满足日益增长的环境质量改善的需求。2009年，东盟国家共同通过了《东盟社会文化共同体蓝图2009—2015》，该蓝图提出了东盟环境保护的新十大优先领域，其中发展环境友好技术、加强城市环境管理与治理成为重点领域。

中国与大多数东盟国家一样，面临着"在发展中保护环境"的挑战及压力。环保产业作为探索中国环境保护新道路的重要组成部分，已成为中国环保事业发展的重要基础，是实现污染减排目标、提升环保水平的重要技术保障。因此，中国将环保产业定位为提升国民经济整体水平的战略性新兴产业之一。

2010年在《中国和东盟领导人关于可持续发展的联合声明》中，提出要加强减排、环保等领域的科学研究和技术合作，促进高效、环保、节能技术和清洁技术的应用；《中国—东盟环境保护合作战略（2009—2015）》中将环境无害化技术、环境标志与清洁生产及环境产品和服务合作列为中国—东盟环境保护合作的重点领域；《中国—东盟环境保护合作行动计划（2011—2013）》中提出了建立"中国—东盟环保产业合作网络"。

建设资源节约型、环境友好型社会是中国与东盟国家的共同目标。本文通过介绍东盟十国的环保产业发展现状、中国与东盟的环保产业合作现状，分析了各国环保产业中各领域的发展趋势，建议污水处理、空气污染治理、固体废物处理以及环境服务业作为未来中国与东盟开展环保产业合作的四大重点领域，并提出了开展中国—东盟环保产业交流与合作，促进我国环保产业"走出去"的工作思路设想与政策建议。本文希望通过完善政策保障体系、建立完善中国—东盟环保产业公共服务体系、建立中国—东盟环保技术与产业合作示范基地促进我国环保产业"走出去"，加强中国—东盟环保产业交流与合作，共同推动区域环保产业发展以及区域的可持续发展。

一、东盟国家面临的主要环境问题

东盟国家与多数发展中国家类似，面临着复合型环境问题的挑战，关注的环境问题主要有三种类型：

一是全球性环境问题，以气候变化为代表，东盟特别关注气候变化的适应问题、融资与技术转让机制、能力建设等议题。

二是区域性环境问题，以跨界大气污染、跨界水污染、海洋环境保护问题为代表，同时也关注生态环境保护与生物多样性保护问题。

三是传统工业化、城市化带来的环境污染问题，以各国面临的大气污染、水污染、固体废物处理问题为主，包括城市环境管理与治理等领域。

同时，东盟各国越来越重视环境保护能力建设，以环境教育、公众参与和环境信息共享为代表。

随着国际和区域环境热点问题的不断深化和国际环境合作的不断深入，在2009年第十四届东盟峰会上签署通过的《东盟社会文化共同体蓝图2009—2015》中，东盟成员国及东盟对话伙伴对2002年环境合作十项优先领域进行了合并与调整，形成了新的十大优先领域：全球环境问题，管理及防止跨界环境污染（跨界烟霾污染、有害废物），环境教育和公众参与，环境友好技术（EST），城市环境管理与治理，协调环境政策和数据，沿海、海洋环境保护与可持续利用，促进自然资源和生物多样性的可持续管理，可持续的淡水资源管理和气候变化。

此外，东盟还努力推进 EST 的发展，具体行动包括：到 2015 年全面建立东盟 EST 网络；到 2015 年区域广泛采用环境管理/标志框架，推动本区经济发展和环境的改善；积极推动促进成员国之间开展技术交流与合作；在"南南合作"、"南北合作"框架下加强东盟各国技术转让合作；建立 EST 信息交换中心等。

二、东盟国家环保产业概况

由于东盟十国在经济发展阶段和水平上存在差异，各国面临的环境问题也不尽相同，环保产业发展的程度也各有不同。

（一）文莱

文莱政府环境保护的主管部门是环境、园林及公共娱乐局。主要职能包括：环境保护，风景区、公园及公共娱乐设施建设与管理，垃圾管理以及国际环境领域合作等。

文莱目前暂无环保法，相关管理文件有《文莱工业发展污染控制准则》。准则要求投资商在项目计划初期要对环境因素（项目位置、采用清洁技术、污染控制措施、废物监管）进行综合考虑，对土地、空气、水及噪声污染采取控制措施，加强固体废物管理，制定全面的环境影响评估报告。

文莱政府 2001 年颁布的《投资促进法》规定了先锋产业[①]中涉及的环保产业包括供水设备、废品处理工业。2012 年开始实施的第十个国家发展规划指出，将大力改善商业环境，培养本地中小企业成长，以实现文莱经济重心从油气产业向其他产业转移的目标。此外，文莱政府还在开展垃圾综合管理项目。该项目首期将邻近市区的一个露天垃圾场改造成休闲公园，第二期兴建了文莱首个现代化的垃圾转运和处理站，并计划在办公和管理区安装太阳能板提供电力，建造文莱首个太阳能动力建筑。

（二）柬埔寨

柬埔寨政府环境保护的主管部门是环境保护部。主要环境保护法律是《环境保护法》，环境保护部与柬埔寨其他有关部门制定一系列环保规章。

---

① 先锋产业，即有限责任公司达到以下要求：符合公众利益、该产业文莱未达到饱和、具有良好的发展前景且产品具有领先性。

柬埔寨《投资法》规定了柬埔寨政府鼓励投资的重点领域，其中涉及环保产业的项目包括：基础设施及能源和环境保护。中国、韩国和日本公司已在柬埔寨金边市投资开展了污水处理项目。柬埔寨海滨省份、马德望省、磅湛省和干拉省等地区的污水处理领域项目已经开始运作。

由于柬埔寨工业基础薄弱，环境保护法律法规有待健全，大多数环保产品、技术以及相关的服务需要进口，环保产业市场潜力巨大。

（三）印度尼西亚

印度尼西亚政府环境保护的主管部门是环境部。主要职责是依据《环境保护法》履行政府环境保护的义务，制定环境保护政策，惩罚破坏环境的行为。

印度尼西亚基础环保法律是 1997 年制定的《环境保护法》。主要规定了环境保护的目标、公民权利和义务、环境保护机构、环境功能维持、环境管理、环境纠纷和调查及惩罚违反该法的行为。

印度尼西亚环保产品主要以国外进口为主，也有民间企业参与当地环保市场的竞争，特别是污水处理设备和技术。为改善城市饮用水水质和普及自来水，印度尼西亚政府提供低息贷款鼓励工厂添置必要的污水处理设备，并列管 14 种不同行业作为管制对象。为有效处理有害废弃物，在世界银行协助下，印度尼西亚兴建了 8 座工业有害废弃物处理厂，但是该国没有办法稳定提供废弃物处理量，成为处理厂运营的隐忧。在空气污染控制领域，其防控重心在水泥业、钢铁厂、发电厂以及其他非铁行业，由于自身水平限制，空气污染防治设备包括滤材、空气净化设备、集尘设备以及烟气分析设备主要依赖进口。

（四）老挝

老挝环境保护管理部门包括国家水资源、环境管理署、署派驻环境管理与监察处、省/直辖市环境管理与监察处、县环境管理与监察处和村委会等 5 级机构。主要职责有：①制定和实施环保法律法规；②研究、分析和处理项目环保问题；③颁发或没收环保许可证；④指导环评工作；⑤开展环保国际合作等。

老挝主要环保法律法规有《环境保护法》《环境保护法实施令》《水和水资源法》《水和水资源法实施令》等。

老挝政府已经开始重视环境保护，希望加强国内环境污染防治，但是，老挝极为落后的工业无法为其提供相关的环保产业、技术以及相关服务。从目前掌握的资料看，老挝环保产业一片空白，该国所需绝大多数环保产品、技术及服务需要从外国进口。

（五）马来西亚

马来西亚政府环境保护主管部门是天然资源和环境部下属的环境局，主要负责环境政策的制定及环境保护措施的监督和执行。

马来西亚基础环保法律法规包括《1974年环境素质法》和《1987年环境素质法令》（指定活动的环境影响评估）。涉及投资环境影响评估的法规包括《1990年马来西亚环境影响评估程序》《1994年环境影响评估指南》（海边酒店、石化工业、地产发展、高尔夫球项目发展）。

马来西亚政府认为，发展绿色产业乃至推动绿色经济，关键是抓好工业、交通、建筑等重点领域的节能减碳，不过目前仍处于起步阶段。作为第二大的棕油出产国，棕油的生产废料唾手可得，生物质能源在马来西亚有很强的发展潜力。马来西亚政府已制定了绿色产业规划，确定能源、水务、交通及建筑四大领域来发展绿色产业，并对沙捞越的可再生能源经济走廊做了重点规划。在太阳能利用领域，基于常年充足的阳光，三家外资企业已进入马来西亚市场，产品主要销往海外市场。

与此同时，马来西亚政府近年来将多项环保相关的单位民营化，其中包括：排水系统工程、污水处理工程、生物科技研发、有毒废弃物处理、空气污染监控及水资源供应。此外，更开出免进口关税及营业税调降来促进环保产业发展。

（六）缅甸

根据职能分工，缅甸政府环境保护管理部门有多个，包括家畜饲养和渔业部、野生动物保护委员会、林业部、农业服务局等。

缅甸关于环境保护方面的法律主要有：《缅甸动物健康和发展法》《缅甸植物检验检疫法》《缅甸肥料法》《缅甸空地、闲地、荒地管理实施细则》《缅甸森林法》和《缅甸野生动植物和自然区域保护法》。

根据现有数据，缅甸环保产业非常脆弱，除极少数实力雄厚的外国公司外，参与环保的本土企业数量少、规模小。这些公司的主要业务为销售、生产污水处理设备、水净化设备、太阳能设备、家用卫生设施及其安装维护等。同时，也有个别企业提供大气、水质的监测设备及服务。

（七）菲律宾

菲律宾环境保护主管部门为环境与自然资源部内设的环境管理局，该局在全国 13 个行政区均设有分局。

菲律宾关于环境保护的法律法规有：菲律宾宪法关于保护环境的有关条款以及《污染控制法》《菲律宾环境法典》《防止空气污染法》《有毒有害物及核废料控制法》《水质量分级标准》。

目前，菲律宾希望通过国际组织、金融组织或发达国家贷款的帮助，配合 BOT 模式加强其国内的基础设施建设。因此，环保相关的建设工程，正在陆续展开。由于该国环保法律已趋于成熟，加上环保项目属于菲律宾投资署鼓励投资项目，可以预期该国环保市场将稳定增长。

菲律宾环保市场重点在城市用水供应及工业废水处理两个部分。具有销售前景的环保产品为过滤设备、纯化设备、水回收设备、污泥系统及相关维护；工业区废水统一处理中心也是该国环保产业发展的重点。此外，固体废弃物的处理以及相关技术、设备也将是该国需求的重点。

为提高污水处理厂每日废水处理量，菲律宾投资了大量资金进行污水处理厂建设、改造。可以预见，该国污水处理厂运营项目将成为我国污水处理厂专业运营商进入菲律宾市场的切入点。

（八）泰国

泰国环境保护主管部门是自然资源和环境部，其主要职责是制定政策和规划，提出自然资源和环境管理的措施并协调实施，下设自然资源和环境政策规划办公室、污染控制厅、环境质量促进厅等部门。

泰国关于环境保护的基本法律是 1992 年颁布的《国家环境质量促进和保护法》。此外，泰国自然资源和环境部还发布了一系列关于水、大气、噪声和土壤等方面的一系列公告。

根据 Frost&Sullivan 咨询和研究公司的调查分析，泰国的水供应和废水处理市场正在成为工程咨询服务的青睐领域，因城市和工业部门的需求回升，预计水供应和废水处理市场会有大幅增长。人口的增长以及水资源的短缺，促使政府鼓励投资供水和污水处理项目。

相关资料显示，泰国环境部污染控制司（PCD）预估全国废弃物产生量每年将以 4% 的速度增长。这些固体废弃物的 80% 采用露天填埋场进行处理，12% 进入卫生填埋场，8% 则进行资源回收。部分老旧填埋场即将饱和与新场址觅地困难，已成为泰国目前亟待解决的环保问题。此外，泰国境内利用焚化技术来处理废弃物的比例较低，热处理法等相关技术将成为该国废弃物处理的发展重点。

（九）新加坡

新加坡环境保护主管部门是环境及水资源部，主要职责是保障健康的环境和清洁的水源供应。环境和水资源部下设国家环境局和公共事业局两个法定机构，分别负责落实环保政策和水务管理。

新加坡关于环境保护的法律包括：《环境保护和管理法》《公共环境卫生法》《水源污化管理及排水法令》《制造业排放污染水条例》《公共事业条例》《污染物控制条例》等。

目前，新加坡政府正在大力发展水务产业，拨款 5 亿新元进行相关科技研究。新加坡水务市场拥有 50 多家国际和本地企业，其中国内 8 家企业也已向海外发展。此外，新加坡已经建造了首个海水淡化厂，目前正在兴建第四个新生水厂。此外，为解决日益增长的固体废物，新加坡还计划兴建第五个垃圾焚烧厂。在发展清洁能源方面，新加坡政府计划今后 5 年投资 3.5 亿新元，重点发展洁净能源产品，并将本国发展成为世界级的清洁能源枢纽。

（十）越南

越南政府环境保护主管部门是资源环境部，主要职责是管理全国土地、环境保护、地质矿产、地图测绘、水资源、水文气象等工作。目前，越南主要的环境保护法规为《资源环境法》《土地法》等。

越南经济社会发展带来的污染问题越来越突出，工业增长主要依赖油气、电力、水泥、钢铁等行业，而这些行业的排放物处理能力却很低。调查显示，目前越南近 80% 的生产单位和工业区没有废料处理措施，能够实现清洁生产的企业仅有约 200 家，占企业总数的 0.1%。

越南环保市场分为环保产品、污染控制设备和环境服务三大类，2004 年数据显示，越南环保市场总值 4.5 亿美元，2005—2008 年增长率可达 10%～15%，而越南国内生产能力只能满足国内需求的 55%。目前，越南对于环保技术设备的需求主要集中在工业、农业、服务业等 17 个对环境影响较大的行业和领域，主要为工业污水治理以及废弃物处理两个方面，预计资金总需求约 70 亿美元。此外，供水设施市场约占越南环保产业总市场的 18%，其次为净水设备与化学药剂市场。

三、中国与东盟环保产业合作现状

2009 年 10 月，中国—东盟共同通过了《中国—东盟环境保护战略 2009—2015》，2011 年为落实中国—东盟环保合作战略制定了《中国—东盟环境合作行动计划 2011—2013》，为中国—东盟环保产业合作领域及行动指明了方向。根据行动计划相关内容，中国与东盟将通过建立中国—东盟环境技术交流与合作网络，在环境能力建设、环境产品和服务合作、环境无害化技术、环境标志与清洁生产等领域进行交流与合作，并开展联合研究以及示范项目。

相较多数东盟国家，我国环保产业发展较早且积累了多年环保技术与设备的本土化经验，竞争优势明显。客观上说，我国与东南亚地缘相近文化相通，开拓东南亚环保市场，我国具有距离近、信息灵、产品实用对路且价格低廉等优势。

在国家层面上，中国与东盟在环保产业领域开展了深入的交流与合作。2007 年中国—东盟环境标志和清洁生产研讨会就环境标志和清洁生产技术等方面的信息和经验进行了交流；同年中国—东盟环境影响评价/战略环境影响评价研讨会的召开，为双方在该领域的合作奠定了基础；2010 年中国—东盟绿色产业发展与合作研讨会以及 2011 年中国—东盟环境合作论坛就中国—东盟环保产业发展与合作达成了共识。

在地方层面上，广东、江苏、天津、浙江环保产业发展较早、技术水平较高，地方政府积极引导企业走向东盟；广西、云南等省份则利用地理优势，为企业走向东盟创造条件。如广东省中山市在越南河内举办了"2009 中国广东中山（河内）经贸合作暨产品展销会"，并希望在此基础上把中山市定为广东省新能源节能环保产业基地以及与东盟合作基地。广西壮族自治区则充分利用中国—东盟自由贸易区和中国—东盟博览会重要平台，与东盟各国建立节能环保技术及节能环保产业的合作机制，共同开拓东盟环保产业市场。

目前，中国—东盟环保产业合作已取得了不错的成绩。如天津水泥工业设计研究院总承包泰国、菲律宾两国 5 个反渗透系统项目，浙江西子也总承包柬埔寨反渗透系统项目。此外，中国环保企业还承包了越南山洞电厂、海防发电厂、广宁发电厂、农山钢铁公司的水处理项目、印度尼西亚北苏风港燃煤电站、公主港燃煤电站等净水处理项目。

四、中国—东盟环保产业合作展望

中国环保产业市场主要分布在资源循环利用和洁净技术产品上，资源循环利用占 59.8%的份额，洁净技术产品占 24.2%的份额，而环保产品和环境服务分别占 9.0%和 7.1%的份额。大气处理行业中电厂脱硫行业发展较成熟，脱硝行业增长潜力较大；污水处理行业迟于城市供水系统，掌握 MBR（膜生物反应器）等技术的水处理公司具有较强竞争力；固废处理行业也处于成长期阶段。

当前，我国环保产业发展已初具规模，形成了相对完善的产业体系，产业供给能力和技术创新能力不断提升，服务领域不断拓展。因此，从整体上说，中国环保产业具备了"走出去"的实力。

中国环保企业进入东盟环保市场，可首先从污水处理、空气污染治理、固体废物处理以及环境服务业领域入手，在污染控制与管理、污染治理设备制造、产品制造过程的技术（污染防治、清洁产品、节能、废弃物减量）及资源回收等行业形成突破。

（一）污水处理行业

新加坡水务市场高度发达，在与其合作过程中以技术转移为主。通过双方联合研究和开发，在水处理（膜技术）以及海水淡化等领域寻找适合发展中国家国情的可靠技术。

印度尼西亚、马来西亚、泰国、菲律宾四国已经具备了较为完善的污水处理相关的环保法律、法规。因此，应通过示范项目展示中国环保装备业的设备优势，以水质监测设备、污水处理设备及技术为突破口进入四国环保市场。此外，污水处理企业可通过 BT、BOT 等商业模式运作进入四国市场，同时，这也是未来四国吸引外资的重要手段之一。

老挝、柬埔寨、缅甸、越南四国还处于经济发展初级阶段，水处理相关环保政策、制度、标准还不完善。中国应以监测设备为突破口，指导四国进行相关政策、制度以及标准的建立。

（二）固体废物处理

目前，东盟国家部分老旧填埋场即将饱和且新场址觅地困难，已成为这些国家亟待解决的环保问题。此外，东盟国家利用焚化技术来处理废弃物的比例亦较低，未来开发热处理法等相关技术将是东盟国家废弃物处理的发展重点。因此，中国企业应重点放在废弃物有效分类、收集、运送、回收和处理领域以及减少废弃物排放的相关技术。

（三）大气污染防治

东盟许多国家老电厂改造进展缓慢，电厂排污对城市大气造成的有害影响逐年增大，如果电厂能够推广采用脱硫装置，泰国、马来西亚、印度尼西亚和菲律宾的城市大气污染状况可大为改善。除二氧化硫减排外，以燃煤电厂、化工厂以及汽车尾气排放为主要污染源的氮氧化物排放已逐渐受到东盟国家的重视，未来氮氧化物的减排也将是东盟国家大气污染治理的重要领域。此外，大气污染监测设备对于东盟许多国家也是未来重要的需求之一。

（四）环境服务业

未来东盟经济发展的方向是环保和经济发展并行。目前，东盟许多国家制订了经济增长计划，旨在加快发展绿色、卫生、农业产业及替代能源工业，以改变依靠出口支撑经济的体系结构。随着东盟各国积极推行的环境影响评估、环境管理体系（EMS）ISO 14000 等环保政策，可以预见，以环境影响评估，环境治理项目设计、建设、运营为代表的环境服务业将有巨大的发展潜力。

五、促进我国环保产业"走出去",加强中国—东盟环保产业交流与合作的政策建议

目前,中国环保企业在"走出去"过程中遇到了政策保障体系不够完善、公共服务平台缺乏等诸多问题。由于我国缺乏国际通用版本的法律法规、标准,东盟国家评估中国环保企业提供的服务水平时,无法与其本国及发达国家所用的相关标准进行便捷对比。同时,中国环保产业在"走出去"过程中,主要以单个工程和项目为主,国家缺乏相关产业规划、激励政策、税收等财政优惠手段以及金融方面的支持政策。此外,由于公共服务平台的缺乏,信息渠道不畅,中国环保企业对东盟国家的产业信息等信息缺乏了解,特别是由于缺乏环保产业状况、投资环境、环保政策要求及法律环境、商业机会、工程招标操作模式、产业预警等领域的信息,中国环保企业需要付出大量成本去适应东盟各国的规则。为推动环保产业走向东盟国家,建议开展如下工作。

(一)完善政策保障体系

以中国—东盟环保产业合作为切入点和示范,组织相关部门展开环保产业国际合作调研工作,为制定中国环保产业向东盟国家"走出去"战略规划提供支持。建议全面研究东盟各国环保产业发展状况,研究中国环保产业"走出去"的各项优势、优先领域、交易模式、具体途径、困难障碍以及政策需求等,为中国环保产业"走出去"相关政策制定提供支持。

另外,建议与商务部、外交部等部委加强沟通与合作,制定中国对外援助项目环保产品目录;在对东盟国家的援助资金和项目中增加环保项目,并嵌入与中国规则相适应的法律法规、标准、交易模式等,为中国环保企业"走出去"创造更多的市场机会。

(二)建立完善中国—东盟环保产业公共服务体系

建议充分发挥中国—东盟环境保护合作中心作用,建立完善中国—东盟环保产业公共服务体系。该体系包括:中国—东盟环保技术与产业合作网络和中国—东盟环保技术与产业合作服务平台。

通过建立政府间沟通机制以及建立产业界交流合作机制，把中国—东盟环境技术与产业合作网络打造成为中国—东盟环保产业合作的基础，为双方搭建平台与桥梁，推动中国和东盟环境友好型技术的交流与合作。

（三）建立中国—东盟环保技术与产业合作示范基地

建议以我国重要环保产业集聚区和具有发展优势的地区为重点，建立中国—东盟环保技术与产业合作示范基地，包括江苏、广东、浙江等地。充分发挥中国—东盟博览会的重要平台作用，展示我国具有比较优势的环境保护技术与产业。

中国—东盟环保技术与产业合作示范基地将为中国—东盟联合研究成果提供商业转化渠道，为中国与东盟各国环保示范项目提供展示平台；同时也为中国—东盟在环境研究、教育培训、产业结合等多方面提供支持，打造产学研结合的协同创新优秀平台，共同推动中国—东盟环保产业的发展。

（四）开展环境技术、产品与服务示范项目

建议开展环境技术、产品与服务示范项目，编制发布《中国—东盟环保技术与产业合作适用技术清单》。示范项目将在中国与东盟国家共同关注的水污染治理、固体废弃物治理、大气污染治理、环境监测和环境标志产品合作及互认等领域开展。示范项目将为解决中国与东盟国家面临的资金、技术、标准、交易模式等发展瓶颈提供借鉴，为中国与东盟国家探索符合本国实际的环保产业发展新道路提供支持，促进中国与东盟国家环保装备业以及环境服务业的发展。

亚欧清洁空气合作探析及建议

奚　旺　　周国梅　　丁士能

随着亚洲国家新兴城市的快速发展，城市空气污染已成为各国亟待解决的环境问题。近年来亚洲各大城市相继出现的雾霾污染，严重威胁着公众的身心健康。由于我国长期处于全球产业链的中低端，在国际分工中承担了很多高消耗、高污染的产业，大气污染问题十分严重。亚欧等发达国家率先经历了空气污染的历程，在政策法规的制定、跨区域大气监测、污染治理技术和产业等领域积累了丰富的经验，加快推动亚欧各国大气领域的国际合作，将有效地促进我国大气污染防治政策体系的完善以及产业结构的升级优化，借鉴国际先进经验，解决大气污染问题，同时推动我国成熟的空气污染防治技术及设备实现"走出去"战略。

本文总结介绍了亚欧大气跨界污染合作机制，重点分析了亚欧国家大气污染防治经验，结合我国环保重点工作，提出以下政策建议：第一，加强周边区域内大气污染防治与合作，确保我国周边环境的稳定；第二，开展大气污染防治政策的联合研究，完善并保障相关政策法规的落实；第三，加强大气污染监测体系建设，联合开展基础性研究工作；第四，促进大气污染治理产业的技术合作，研发污染物综合处理技术；第五，将亚欧会议机制纳入区域环境合作平台建设，服务我国周边外交和"走出去"战略。

一、亚欧大气跨界污染合作机制

亚欧各国面对全球性的大气污染问题，政府间积极开展对话及合作，签署了大量关于跨界污染的协议和公约，以期明确各国大气污染防治的职责、提高大气污染监测技术水平以及促进企业、产业间的合作。具体的合作机制如下。

（一）东盟防止跨国界烟雾污染协议

2002 年在联合国的协助下，东盟成员国在马来西亚首都吉隆坡举办的土地和森林火患世界会议暨第九次东盟烟雾问题部长级会议开幕式上签署了《防止跨国界烟雾污染协议》。根据协议，签字国通过立法和行政措施，联手解决土地和森林火灾引起的烟雾问题；各国必须加强消防能力建设，管制放火烧荒行为，建立预警系统，防止跨国界的空气污染；各国决定成立跨国界烟雾污染控制中心，允许成员国的消防人员携带消防设备入境，以帮助人们扑灭大火。印度尼西亚作为东盟烟霾问题的源头，迄今为止仍未批准这一协议。

"跨国界烟雾污染问题区域环境部长会议"在解决印度尼西亚烧荒引起的烟雾污染中还未起到决定性作用。虽然每次会议上，印度尼西亚方面都会为烟雾波及邻国而道歉，并承诺采取措施扑灭森林大火，但其每年的烧荒仍然进行，每年的烟雾污染仍在发生。目前，印度尼西亚是东盟 10 国中仅有的两个没有批准《东盟跨国界烟雾污染协定》的国家之一，所以，马来西亚和新加坡无法进入印度尼西亚协助其扑灭林火。

（二）南亚大气污染马累宣言

马累宣言（Malé Declaration on Control and Prevention of Air Pollution and Its Likely Transboundary Effects for South Asia）是第一个南亚跨界区域大气污染的协议，于 1998 年签署，签署协议的国家有孟加拉国、不丹、印度、伊朗、马尔代夫、尼泊尔、巴基斯坦和斯里兰卡。该宣言旨在南亚建立科学的跨界空气污染防治政策，推动在国家层面建立跨界空气污染的协调机制。马累宣言的实施分为三个阶段，1999—2000 年为掌握空气污染的基本信息并提高认识；2001—2004 年为空气污染的能力建设；2005—2009 年为解决空气污染问题。

（三）欧洲长距离越界空气污染公约

1979 年 11 月在日内瓦召开了联合国欧洲经济委员会环境保护框架的部长级会议，欧洲各国在这次会议上签订了《长距离越界空气污染公约》（CLRTAP）。CLRTAP 于 1983 年生效，是针对空气污染问题而制定的第一个具有法律约束力的国际综合性合作公约，并制定了把科学与政策结合在一起的制度框架。特别是该框架中纳入了空气污染的预测模式（Regional Air Pollution Information and Simulation，RAINS），对酸雨的形成过程、原因与影响方面做出了科学分析，成为被人们所普遍接受的科学参考。近年来，为进一步解决区域 $PM_{2.5}$ 的问题，已将法案中涉及的污染物减排对象从早期的二氧化硫（SO_2）和氮氧化物（NO_x）扩展到挥发性有机物（VOCs）和氨（NH_3）等对 $PM_{2.5}$ 具有重要贡献的前体物。

（四）东亚酸沉降监测网

东亚酸沉降监测网（EANET）是一个区域性的合作计划，目前共有包括中国在内的东亚地区 13 个国家参加，目的在于交换各国酸沉降监测数据和技术，提高公众认识，为各国政府提供决策依据。经国务院批准，1998 年 10 月我国参加了东亚酸沉降监测网的试运行工作，成立了监测网中国分中心，重庆、西安、厦门、珠海等四城市承担具体监测工作。2000 年 10 月，我国正式加入东亚酸沉降监测网常规阶段运行。

目前，我国已和东亚酸沉降监测网的其他国家实现了酸沉降监测数据共享，建立了定期召开政府间会议、科学顾问委员会会议和技术管理会议的机制。通过东亚酸沉降监测网，促进了我国与东亚各国酸沉降监测技术的交流，拓展了我国酸沉降监测的领域，提高了我国酸沉降监测技术水平，建立的数据共享机制，为东亚地区的酸沉降状况评价提供了技术支持。

二、亚欧国家大气污染防治经验

以法国、德国、瑞士、新加坡、澳大利亚、日本为代表的发达国家，在经济发展初期也经历了由于空气污染造成的健康危机。通过采取制定严格的法律政策及标准、完善并强化监测手段以及推广适用型污染防治技术等措施，发达国家的空气质量在几十年后的今天得到了极大的提升。以欧盟为例，通过对二氧化硫、二氧化氮等污染物治理，空气质量已经得到持续改善。

综合这些发达国家开展的大气污染防治工作，其主要经验如下。

（一）完善强化大气污染防治政策，实施先进严格的标准

大气污染防治是一个长期的过程。2009—2011 年，在欧盟地区，按照世界卫

生组织（WHO）的空气质量标准，高达 91%～96% 的人口受到 $PM_{2.5}$ 超标的影响（年平均浓度限值为 10 μg/m³），85%～88% 的人口受到 PM_{10} 超标的影响（24 小时平均浓度限值为 20 μg/m³）。PM_{10} 和 $PM_{2.5}$ 治理已经成为欧盟国家艰巨的任务。

为推动欧盟区域的环境空气质量提高，欧盟制定了国际空气质量政策框架和欧洲控制质量框架。国际空气质量政策框架主要为《长距离越界空气污染公约》。在此基础上，欧盟再制定了空气质量政策框架。该框架首先对污染物浓度做出明确规定，并要求各国进行立法明确标识污染物的浓度；其次，对污染物的排放总量做出排放上限的规定；再次，对工业排放的特定指令、监管和控制来自特定行业的排放；最后，设立交通运输方面的排放标准。

此外，欧盟实施一个旨在了解城市空气质量政策实施情况的"空气试点项目"的经验值得中国学习和借鉴：一是要在不同区域实施不同的政策。城市在成本、效益等方面均有差异，有一些政策适用各个成员国，一些适用地方政府，不同层级政府缺乏协调就会在政策实施方面出现问题。二是要加强管理和评估的能力。城市在实施相关法律法规时会遇到一些问题，只有通过事先评估和加强管理，争取外来支持共同应对大气污染问题。

通过以上政策的实施，欧盟的空气质量正得到持续好转。按照欧盟标准，2009—2011 年，欧盟地区低于 1% 的人口受到二氧化硫超标的影响（24 小时平均浓度限值为 125 μg/m³），5%～13% 的人口受到二氧化氮超标的影响（年平均浓度限值为 40 μg/m³）。此外，20%～31% 的人口受到 $PM_{2.5}$（年平均浓度限值为 20 μg/m³）影响，22%～33% 的人口受到 PM_{10}（24 小时平均浓度限值为 50 μg/m³）影响。

日本走的是"先污染后治理"的道路，川崎、四日市、尼崎等工业城市由于大气污染导致健康危害频发。此后，日本开始制定一系列政策法规、标准对二氧化硫、氮氧化物和 $PM_{2.5}$ 等污染物进行控制。此外，日本还根据本国能源、资源匮乏的实际情况，通过政策减少煤的进口，增加天然气，改变日本的能源消费结构。通过坚持不懈地开展大气污染防治工作，过去布满阴霾的天空如今被蓝天白云取代，曾经的公害多发地也已成为今天的环保模范城。以东京为例，2010 年，其 $PM_{2.5}$ 年平均浓度已低于 0.02 mg/m³，二氧化氮年平均浓度低于 $0.02×10^{-6}$。

为进一步提升新加坡空气质量，新加坡政府制定了 2020 年空气质量的目标（到 2020 年，二氧化硫、二氧化氮、$PM_{2.5}$ 年平均浓度限值为 15 μg/m³、40 μg/m³、

12 μg/m³，臭氧、一氧化碳 8 小时浓度限值为 100 μg/m³、10 mg/m³）。同时，新加坡还确定了大气环境管理的基本原则：一是控制污染源；二是排污收费的原则；三是污染预防原则。新加坡的大气环境管理主要从预防、执法、监测和教育合作四个方面进行推动。在预防方面的策略主要包括土地规划、工厂选址、建筑规划、环境基础设施以及监管控制和政策等。在执法方面的管理政策包括通过立法制定污染物排放限值，通过监测和严格执法保障立法，定期检查和投诉、反馈调查等。在教育合作方面，开展公共活动、为专业人士培训、为企业开展研讨班以及专业机构与企业的对话会等。

目前，澳大利亚的大气污染物主要为二氧化硫、二氧化氮、一氧化碳、臭氧、PM₁₀ 和铅，颗粒物污染主要来自于交通、供热、工业以及自然灾害（沙尘暴、林火等），分布在东西部沿海城市以及中部的沙漠地区。1998 年，澳大利亚就制定并实施了空气环境质量标准和环境保护措施（AAQ、NEPM）。随着经济的发展，澳大利亚颗粒物的污染加重。对此，2010 年，澳大利亚制订了国家清洁空气计划（National Plan for Clean Air）。计划的主要目的就是控制并减少影响人们健康的颗粒物排放。

作为环境领域的国际组织，联合国环境规划署发挥了积极作用。在其秘书处的引导下，在南亚发布了有关于空气污染的联合声明，在东南亚形成了有关控制雾霾的一个公约，在中亚地区签署了有进一步改进空气污染防控的公约。从目前已开展的相关工作来看，制约亚洲区域大气污染治理的约束有很多原因，其中政策的缺失或者缺乏远景及规划的政策和落实政策的执行力是关键点。因此，加强区域合作，完善相关政策是推动亚洲区域大气污染治理的重要手段之一。

（二）完善监测手段，加强监管措施

为加强大气污染的研究，欧洲建立了气溶胶、云、痕量气体研究基础设施网络（ACTRIS Network，Aerosols，Clouds，and Trace gases Research Infrastructure Network）。ACTRIS Network 拥有 50 多个地面监测站，遍布欧洲各国，旨在配备先进的大气监测设备对气溶胶、云以及痕量气体进行监测研究。此外，欧洲还建立了世界气溶胶数据中心，对外发布相关数据，加强欧洲内部相关机构的合作。为了能精确地获取大气污染变化的相关数据，指导欧洲各国开展大气污染治理工作，欧洲还充分发挥研究机构的空气质量监测点作用，弥补政府设立的监测点的不足，以小投入换取全面而精准的数据。

新加坡在大气污染监测方面，主要是通过连续监测的仪器来对污染物的排放进行监测，同时还通过摄像头对排放源等进行监控。为更好地评估空气质量，新加坡开发并每天发布（空气）污染物标准指数（Pollutant Standards Index）。该指数主要根据空气中二氧化硫、PM_{10}、臭氧、一氧化碳以及二氧化氮含量来对空气质量进行评估。当指数为 0～50 时，空气质量为最优。由于汽车尾气是新加坡大气污染的主要排放源，受制于政府预算，新加坡监测机构开创性地将汽车尾气监测服务外包。监测人员携带摄像机，在固定地点或者汽车上，对道路上行驶的车辆进行监测。一旦发现冒黑烟的车，通过摄像机取证，政府相关部门会要求该车前去检测场进行检测。检测结果一旦超标即给予罚款。

在法国，大气污染监管机制分为时间和空间两个维度。在时间维度上，设立长期目标措施和应急措施。在空间维度上，跨国界层面的管理机构有联合国欧洲经济委员会、欧盟委员会和欧洲环境局，签署的法令包括长距离越界空气污染公约（CLRTAP）、国家排放最高限值指令（NECD）以及欧洲清洁空气计划等。国家层面上的管理机构有生态、能源和可持续发展部（MEDDE）、空气质量监测实验中心（LCSQA）、大气污染技术研究中心（CITEPA）及环境和能源管理机构（ADEME），颁布了一系列法规指令、行政命令以及规划等。在地方一级，管理机构为政府机构和空气质量监测协会（AASQA）。

作为欧洲中部的小国家，瑞士环境污染管理基本原则为"谁污染谁付费"原则和预防原则。空气污染控制条例从两个方面控制污染物的排放，在排放的控制源头上，采取预防措施和严格的规划；在控制结果上，通过严格的环境空气质量标准对污染物进行监测。具体的措施包括：一是执行空气污染控制政策，而不是通过补贴调控；二是针对工业和供热排放实行严格的排放限值；三是通过调控税收减少油漆、印染行业的 VOCs 排放；四是通过交通车辆的排放限值。

（三）注重技术的适用性，确保减排的可靠性和有效性

随着新加坡空气质量 2020 年的目标制定，为确保该目标的实现，结合机动车尾气排放是主要大气污染源的现实，新加坡因地制宜地设定了相关工作蓝图。无硫柴油（含硫量 0.001%）、无硫汽油（含硫量 0.005%）使用以及相关排放标准的

制定是其主要工作。此外，对于炼油厂以及电力企业，通过升级硫回收技术，采用低硫燃料，确保大气污染的有效治理。

根据德国等国家大气污染治理企业的实践来看，选择实用型技术，提升设备运营的可靠性成为大气污染治理的关键。如在中国广泛应用的石灰石石膏脱硫技术，它缺点是耗水、耗电，这就意味着在缺水的部分中国北部城市就不是特别适用。目前，中国对氮氧化物开始进行指标性减排。因此，相关电厂在技术选择的过程中，除考虑技术的先进性外，还要关注技术的可靠性和设备的可维护性。只有确保大气减排技术和设备的可靠性和有效性才能真正实现相关的减排目标。

三、亚欧框架下开展大气污染防治合作建议

享受新鲜、清新的空气是亚欧各国人民最基本的需求。因此，亚欧各国对在大气污染治理领域开展合作有着共同的需求。在亚欧会议框架下，加强沟通、增进共识，务实合作是参加本次会议亚欧各国代表共同的期盼。可以预见，充分发挥亚欧会议的平台作用，开展大气污染防治政策、监测能力建设、减排技术转移和研发等务实合作，将极大推动中国的大气污染治理工作。因此，建议开展以下几个方面工作。

（一）加强周边区域内大气污染防治与合作，确保我国周边环境的稳定

2012 年以来，我国不断发生雾霾污染，引起日韩两国的强烈关注，已有韩媒公开指责雾霾污染源自中国的"黑色灾难"。因此，应充分利用相关环境合作机制，加强与周边国家在大气污染领域的合作，避免引发针对中国跨界大气问题的纷争。首先，在亚欧会议平台上，应不遗余力地宣传我国在治理大气污染方面所做的努力和成就，率先堵住日韩等国"讨伐"我国的借口。其次，正视我国目前存在的大气污染问题，切莫讳疾忌医，积极主动与周边国家开展跨界大气污染防治的合作，避免我国在跨界大气污染国际合作中陷入被动。最后，以开展跨界大气污染防治为契机，借鉴学习亚欧国家先进经验，更好地推动我国的大气污染防治工作。

（二）开展大气污染防治政策的联合研究，完善并保障相关政策法规的落实

"十二五"期间，国务院发布了《重点区域大气污染防治"十二五"规划》《大气污染防治行动计划》等一系列政策法规，均提出了完善法律法规标准，加强监管能力的政策措施，但是如何保障现有的政策法律法规标准真正落实到位，是我国进行大气污染防治、提升空气质量的关键。开展大气污染防治政策的联合研究，完善我国大气污染防治领域的法律体系，运用先进的政策评估方法和相关数学模型，有效促进我国实施大气污染防治政策法规标准的合理性、公平性和科学性，保障政策法规的标准的执行、落实。

（三）加强大气污染监测体系建设，联合开展基础性研究工作

欧洲大气污染物监测及标准制定工作开展较早，已经具有较好的经验基础，尤其是欧洲大气环境监测系统的网点布局、分区域分层次监测结构、监测目标功能划分、数据公开及共享方式以及灾害预警平台等对我国大气质量监测和预警工作有特别的借鉴意义。因此，加强我国与亚欧国家的大气质量监测和预警合作，一是要加强区域监测网络的合作，完善我国已初步建立的典型大气污染物监测网络，使监测网络非常有效地发挥作用。二是加强大气污染物监测模型的联合研究，运用欧洲成熟的气溶胶产生、转化、迁移模型，更好地去理解污染源，分析污染源，为进行空气污染风险评价提供数据支持。三是加强空气污染预警平台的建设合作，运用科学的数据和技术方法，提高大气污染预警时间和准确度。

（四）促进大气污染治理产业的技术合作，研发污染物综合处理技术

亚欧发达国家经过 20 世纪的快速发展，在大气污染治理领域有着先进的技术和设备，尤其在机动车尾气催化转化、工业烟气除尘、脱硫、脱硝等领域的技术和设备较我国有一定的技术优势，通过引进或者以联合研究等方式开展技术合作，提高科技水平，增强我国相关技术和设备在市场上的竞争力。同时，我国的大气污染为多种污染物复合型污染，与其他国家相比有着明显的特殊性。因此，通过引入国外先进技术，结合我国空气污染现状，开展针对我国实际情况的大气污染物综合处理技术合作，将极大提升我国大气污染治理的水平和效率。

（五）将亚欧会议机制纳入区域环境合作平台建设，服务我国周边外交和"走出去"战略

环保产业是国家重点扶持发展的战略性新兴产业，具有广阔的发展前景。实现环保产业"走出去"有利于提升我国环保软实力，扩展我国在环境领域国际影响力，推动我国发展，更多惠及周边国家，为我国发展争取良好周边环境提供支持，服务于我国的周边外交。此外，推动环保产业"走出去"还有利于提升我国环保技术和服务水平，推动国内环保产业结构调整，反哺国内环保产业发展。

目前，我国大气污染治理企业"走出去"的条件基本成熟。首先，大气污染防治作为《"十二五"节能环保产业发展规划》中的重要组成部分，近些年来得到了飞速的发展。我国在烟气脱硫、烟尘治理等领域内的部分技术水平已处于较为领先地位，完全有能力面向东盟、中亚、南亚等国家输出技术和设备。其次，我国在大气污染治理技术和设备上有着比较优势。与欧美等发达国家相比，我国在大气污染治理的技术、设备以及服务上成本较低，在开拓国际市场上有着竞争优势。

大气污染不仅威胁人类健康，破坏环境质量，还会阻碍可持续发展，已经成为当今世界面临的共同环境问题。亚欧会议成员国应加强区域合作，分享大气污染防治经验和知识，加强政策对话和技术交流，推动大气污染防治能力建设，共同面对挑战。

因此，建议将亚欧会议纳入区域合作平台建设，发挥中国—东盟环境保护合作中心区域环境合作平台作用，以东盟国家为重点，结合国家领导人关于推动中国与东盟环保产业合作的讲话精神，促进我国大气污染治理企业"走出去"。

日本、韩国环保产业发展经验对中国的借鉴

丁士能　贾　宁

2010 年 9 月，国务院颁布了《关于加快培育和发展战略性新兴产业的决定》，节能环保产业被确定为七大重点领域之一。环保产业具有产业链长等特点，环保产业发展不仅是节能减排、改善民生的现实需求，是提升传统产业、促进结构调整、加快经济发展方式转变的重大举措，也是发展绿色经济、抢占后金融危机时代国际竞争制高点的战略选择。

加快培育和发展环保产业，具备诸多有利条件，也面临严峻挑战。经过多年发展，我国环保产业领域不断拓展，已经形成具有一定规模、门类基本齐全的产业体系。但环保产业对国民经济的贡献率低、对环境保护事业的支撑能力不足、环境服务业发育不良、产业层次不高、市场规范不够、参与国际竞争力不强，影响和制约我国环保产业健康发展的一些深层次因素尚未根本解决，与经济社会、环境保护不相适应的状况仍然突出，亟待着力培育发展。

在美国、日本等发达国家，环保产业已进入技术成熟期，成为本国国民经济的支柱产业和世界环保市场的主力。与发达国家相比，发展中国家在全球环保产业的市场份额虽然不大，但在发展环保经济方面潜力很大。新兴的亚洲市场，以中国为代表，将会成为未来发展的最热点地区。如何在新形势下把握机遇，提升环保产业发展水平，培育环保产业发展重点，突破制约环保产业健康发展的瓶颈，促进环保产业又好又快发展，本文借鉴日韩两国在环保产业领域的经验，提出推动我国环保产业发展的建议如下：（1）探索符合我国国情的环保产业发展新道路，建立和完善支持环保产业发展的法律、政策体系；（2）强化环境管理刺激环保产业市场需求，以需求带动产业发展；（3）加大环境保护投入，发展环境保护科技，培育环保产业人才队伍；（4）积极推动环保产业领域的国际合作，特别是加强与

东盟等发展中国家和地区的环保产业交流与合作。

一、日本环保产业发展经验借鉴

（一）日本环保产业发展现状

面对环境日益恶化与环境污染事频发的状况，日本通过制定严格的环境法规、实施环保政策与标准制定等管理措施以及环保产业提供环境治理和环境服务，经过几十年的努力，环境质量得到极大改善。其中，环保产业为污染治理提供了强有力的技术支撑。

根据日本环境省分类，日本环保产业主要分为降低环境负荷的装置及技术、环境负荷少的产品/环保服务的提供、有关公共设施的技术、设备的配备四大类。日本环保产业从最初主要为特定污染产业提供治理服务提供为主，扩展到为所有产业提供服务，从官方推动转向民间需求，从城市向各地区辐射，市场规模也不断扩大。

进入 21 世纪，日本开始实施环境立国战略，把发展环保产业作为改善经济结构、推进经济转型的重要内容。目前，以资源循环产业为中心的环保产业在日本蓬勃发展，2008 年规模已达到 616 亿美元，产业发展特征显著。目前，日本是循环经济实践最为成熟和成功的国家，其环保产业在亚洲和世界范围内占有重要地位。

由于日本对环保产业的定义十分宽泛，日本环境省认为，今后与环保有关的市场规模将继续扩大，仅废弃物处理方面，到 2020 年的市场规模将超过 10 万亿日元。由日本环保方面的专家、学者组成的日本内阁府"关于建设循环型经济社会的专门调查会"发表的调查报告，预计 2050 年环境相关产业的市场规模将达60 兆日元。另外，在获得环境 ISO 资格等方面的教育、培训和信息服务等方面的市场也将不断扩大。

（二）日本环保产业发展经验

1. 国家层面高度重视，确立了环境立国的目标，推动了环保产业深度发展

20 世纪 90 年代，日本在探讨经济可持续发展的途径时，就开始考虑将"大

量生产、大量消费、大量废弃"的社会经济发展模式向生态型经济转型的问题。2007年6月1日,日本内阁经济财政咨询会议正式审议通过21世纪环境立国战略特别部会(日本环境省在环境大臣咨询机构"中央环境审议会"下设立的机构)的建议,公布了《21世纪环境立国战略》。日本环境立国的目标是:创造性地建立可持续发展的社会,即建立一个"低碳化社会"、"循环型社会"和"与自然共生的社会",并形成能够向世界传播的"日本模式",为世界作贡献。该战略的颁布,不仅进一步推动日本环保产业向深度发展,而且把日本环境保护推向了一个更高层次的发展阶段。

2. 强化市场机制的作用和地位,完善环保激励机制,形成政府推动、市场驱动、公众行动的良好局面

日本在推动环保产业的过程实际上是一个"产业环保化,环保产业化"过程。产业环保化是指产业活动必须适应环境和资源的制约;环保产业化是指保护环境、建设环境的产业活动应得到市场的认可,创造市场价值。要改变社会大量生产、大量消费、大量抛弃的生产和消费结构就必须改变当前社会经济系统,推行市场绿色化,从而实现社会经济可持续发展。因此,环保产业化实际上就是环保市场化。就市场化的一般规律而言,就是让与环保有关的利益各方按市场经济规律和市场机制运行,充分发挥市场的良性作用。

日本政府在环保产业中扮演的是引导者的角色,同时,政府作用还在于弥补市场失灵,在垄断性环保产业中引入竞争机制,协调保障公共利益。此外,为保障市场机制的健康运行,一旦市场机制建立起来,日本政府就退出。从经产省和环境省制定的生态园补偿金制度可见一斑,随着技术成熟和局面打开,两省支持经费在减少,2005年经费都已经取消。

日本政府通过税收、补贴等财政和金融政策,让资源流向高产出、低成本、环境影响小的企业。通过颁布《绿色采购法》和《绿色合同法》、减税、补贴、环境教育、环境标志等手段,引导公众参与,鼓励和刺激绿色消费,扩大市场需求。

日本的环保产业市场得到了极大的发展。2009年,日本的环保产业(基于经合组织的环保产业定义)规模达到了72万亿日元。

3. 把技术发展视为环保产业核心竞争力，鼓励和扶持环保技术研究与开发

日本政府非常重视对环保技术的研究与开发。为促进绿色技术的发展，日本环境省实施的环保技术验证（Environmental Technology Verification）极大地刺激了日本国内环保技术的创新与研究，促进了环保产业的发展。截至 2010 财年，共有 394 项技术被验证。2011 财年，日本政府安排了 1.23 亿日元预算用以推动该计划的实施。

日本的环境保护技术在近二三十年内取得了突飞猛进的发展，部分项目已超过一直处于领先地位的美国。先进的环保技术，不仅对日本的环保事业作出了积极贡献，环境污染逐年平稳下降，而且越来越多地输出到发展中国家。目前，日本的环保技术已同其电子技术和汽车技术并列为三大先进技术。

4. 针对发展中国家特别是东亚各国环境保护方面的问题，充分利用日本防治公害技术和能源技术，开展国际环境合作

《21 世纪环境立国战略》中提出，要"为实现 2050 年全世界二氧化碳排放总量减半、建设依靠创新技术的'低二氧化碳排放社会'的长期目标，要坚持 2013 年以后建立国际环保制度的'3R 原则'，开展落实京都议定书的国民运动，完善实现京都议定书减排目标的政策措施，向国际社会提出新建议，为建立国际环保制度作贡献"。

当前，日本环保产业全球化的发展，一是积极参加全球环境科学综合研究，参与开发全球环保技术，广泛开展国际合作，进行全球环境科学综合研究并对地球周围环境进行综合性观测；二是针对国内外环境公害问题通过竞争与协调建立国际市场来输出日本的环保技术。

二、韩国环保产业发展现状及经验

（一）韩国环保产业发展现状

2008 年，韩国建国 60 周年的大会上，韩国总统李明博正式提出"绿色增长"

的主张。两年多来,"绿色增长"已不仅仅是韩国国内促进经济转型的行动,更成为韩国的"绿色名片"。

韩国的环保产业市场巨大,根据韩国环境产业技术研究院(KEITI)的研究,2009 年韩国环保产业市场规模为 44 万亿韩元(约 400 亿美元),2005—2009 年的平均增长率高达 16.6%,2009 年共有 3 万家企业和 18.5 万员工。污水处理市场规模从 2004 年的 5 万亿韩元增长到 2009 年的 12 万亿韩元;废弃物管理市场由 2004 年的 5.3 万亿韩元增长到 2009 年的 10.4 万亿韩元;空气污染控制行业从 2.3 万亿韩元增长到 2009 年的 3.4 万亿韩元。

在环境产品和服务出口方面,韩国 2009 年达到了 23 亿美元,年平均增长率高至 23.1%。其中,水处理领域比重最大,其次是空气污染控制和废弃物管理。这些产品和服务主要出口到中国、东南亚以及中东等国。

(二)韩国环保产业发展经验

与日本相比,韩国环保产业发展起步晚,技术水平和国际市场占有都低于日本。但是,近年来,围绕着"绿色增长",韩国通过三个方面大力促进环保产业发展。一是通过发展清洁能源、绿色经济、绿色技术和绿色工业引导环境和经济和谐发展。二是通过实施土地可持续利用和四大河流生态恢复项目,建立绿色物流系统,引导绿色消费等手段促进环保产业的发展。三是通过采取多种政策积极的应对全球气候变化,构建韩国全球绿色伙伴关系,试图把韩国建设成为绿色经济方面全球领导者。

1. 制定国家"低碳绿色增长战略",倡导国家发展新模式,为环保产业发展提供了历史机遇

韩国 2008 年出台了《低碳绿色增长战略》,战略提出以绿色技术和清洁能源创造新的增长动力与就业机会的国家发展新模式。这一战略将成为支撑、引导未来经济发展的新动力。2009 年,韩国制定了《新增长动力前景及发展战略》和《绿色增长国家战略及五年行动计划》,确定了韩国 2009—2050 年绿色增长总体目标和具体政策。韩国还提出在 2050 年跻身世界绿色五强的国家目标。其中,绿色交通、绿色技术发展、促进绿色产业、刺激绿色经济、转变经济结构等是未来韩国关注的重点。

2．政府加大资金支持，着力推动绿色经济、环保产业技术研究与发展，并加大对中小企业的扶持力度

为实现首个绿色增长五年计划，2009—2013 年，韩国每年投入占 GDP2%的资金发展绿色经济，5 年累计投资 107.4 万亿韩元，实现经济效益 181.7 万亿至 206 万亿韩元，占韩国 GDP 的 3.5%～4%，新增 156 万～181 万个就业岗位。

除了在政策方面向绿色经济、环保产业倾斜，韩国还非常重视对环境技术的研究与发展。为此，韩国实施了 Eco-Technopia 21 计划、环境创新计划（Eco Innovation Program）、清洁技术（Clean-up Technology）以及绿色融合技术（Green Fusion Technology）等项目。这些研究项目得到政府强有力的财政支持。例如，2001—2010 年，韩国投资 1 万亿韩元支持 Eco-Technopia 21 计划。此外，韩国政府还计划在 2011—2020 年对环境创新计划投资 2 万亿韩元，2008—2017 年对清洁技术投资 1 400 亿韩元，2009—2013 年对绿色融合技术投资 240 亿韩元。

在金融支持方面，韩国政府给环保产业提供了 100 亿韩元的贷款用以支持环保先进技术；韩国还成立了 100 亿韩元的基金用于对中小企业研发环保先进技术支持。

3．积极倡导绿色消费，提高公众环境意识

为促进绿色消费和提高公众环境意识，韩国采取了诸多政策，如：生态标志计划（Eco-Labelling Scheme）、碳足迹标志计划（Carbon Footprint Labelling Scheme）、绿色商店设计标准（Green Store Designation System）、绿色公共采购（Green Public Procurement）以及绿色信用卡计划（Green Credit Card Initiative）等。

截至 2010 年，韩国获得生态标志认证的企业有 1 636 家、7 879 种产品，总产值高达 25 万亿韩元。通过碳足迹认证的产品有 500 种。与此同时，韩国通过试点 11 家绿色商店，提高了民众的绿色消费意识，促进了绿色产品的销售。韩国的绿色信用卡计划受到格外关注，第一张信用卡于 2011 年 7 月 20 日发给韩国总统李明博，截至 2011 年 10 月 14 日，韩国已发行 20 万张绿色信用卡。

4．通过实施绿色增长战略争得国际话语权和拓展绿色技术全球市场

在探索绿色增长模式的过程中，韩国大力开发新能源、探索资源回收利用新

模式、不断研发国际领先的环境治理技术，其目的不仅是为解决韩国本土的资源环境问题，更是为了奠定韩国在世界范围的绿色发展领先地位，从而实现更大的发展。

韩国坚信，未来低碳节能必将带来更大的效益，良好的生态环境一定会成为稀缺资源，发展中国家在环境治理方面的潜在市场需求正在不断增加，因此，绿色增长的前景十分广阔。韩国将这种判断落实到战略目标的制定和行动中，立足国内先行先试、放眼世界市场。韩国首都圈垃圾填埋场就是一个典型实例。该填埋场肩负着韩国首尔市周边 58 个市、郡、区的生活垃圾处理工作，每天有 2 400 万人产生的生活垃圾源源不断地运抵这里，每年通过从垃圾填埋中获得的沼气发电、供热以及垃圾处理等产生的实际收入超过 2 000 亿韩元。韩国的国土面积不大，建成如此大规模的垃圾填埋场和发展先进的垃圾填埋技术，其目的绝不仅仅是为了解决韩国的垃圾问题，而是放眼世界，欲在未来垃圾处理方面成为强国，占领世界垃圾处理的领先地位，获取市场及战略发展的优势。

日本、韩国积极推动本国先进的环境技术向发展中国家转移。特别是韩国，近年来大力开展国际环保合作，从而实现以国际合作促进环保产业发展。如环境管理核心计划（Environmental Management Master Plan）在 29 国家共计支持了 49 个海外项目帮助发展中国家建立国家或区域环境规划或开展海外环境项目的可行性研究；加强发展中国家的环境能力建设；提供研发基金支持相关技术去解决区域环境问题，为 10 个国家 70 个项目提供了支持；于 2009 年成立绿色出口咨询中心指导环保产业走向世界。

三、推动我国环保产业发展的政策建议

环保产业是 21 世纪的新兴产业和主导产业，是绿色经济的引擎，有着巨大的市场潜力和广阔的发展前景。加快推进环保产业发展，是坚持科学发展、建设生态文明的客观要求，是促进经济转型升级、培育新的经济增长点的重要途径，是实现节能减排目标、提升环境保护水平的重要支撑，是发展低碳经济、应对新一轮国际竞争的必然选择。

借鉴日韩两国发展环保产业的经验，并考虑到由于国情、所处的社会经济发展阶段、科技文化发展水平和传统，以及制度、体制、机制的不同，各国在绿色

经济和环保产业发展的认识与实践方面有较大差异，对推动我国环保产业发展提出建议如下。

（一）探索符合我国国情的环保产业发展新道路，建立和完善支持环保产业发展的法律、政策体系

日本、韩国首先从解决消费领域的废弃物入手，向生产领域延伸，最终旨在改变"大量生产、大量消费、大量废弃"的社会经济发展模式。而从我国目前对环保产业以及循环经济的理解和探索实践来看，发展环保产业、促进循环经济发展、实现绿色经济的直接目的是改变"高消耗、高污染、低效益"的传统经济增长方式，走新型工业化道路，解决复合型环境污染问题，保障全面建设小康社会目标的顺利实施。

日本、韩国发展环保产业共同的经验是建立完善的法律、政策体系。通过借鉴两国的经验，制定符合我国国情的法律体系，制定鼓励支持发展环保产业的财政、投资、税收、价格、外贸等相关经济政策，用政策引导、市场运作发展环保产业；制定和完善绿色经济实施过程中的监督、管理机制和激励、处罚机制。

（二）强化环境管理刺激环保产业市场需求，以需求带动产业发展

日本、韩国及其他发达国家刺激经济、扶持产业发展的着力点往往是产业的末端即消费环节，更多利用"需求决定生产、决定市场"的机制。为激励消费市场的产生与扩大，国家出台了大量的配套政策。

在环保部 2011 年颁布的《关于环保系统进一步推动环保产业发展的指导意见》中指出，要"科学规划，提前发布环保要求，扩大环保产业有效需求"。以环境质量改善为目标，通过科学制定环境标准、规范，刺激环保产业市场需求。通过排污收费、环境监管等管理手段，实现和释放可经济量化的市场需求。通过需求引导市场，利用市场机制倒逼环保产业优胜劣汰，规范发展。

（三）加大环境保护投入，发展环境保护科技，培育环保产业人才队伍

与日本、韩国相比，我国环保产业无论是从规模上、效益上还是技术上都存在较大的差距，这固然与我国环保产业起步较晚有关，但是有些领域发展缓慢

却是不争的事实。日本、韩国将环保产业视为高新技术产业，而中国的环保产业，中档产品多，高档产品少，具有国际水平的产品只占 4%，年产值仅占全球环保产业的 1%左右。一个产业的发展与社会整体的经济发展水平和科学技术发展水平是紧密联系的。因此，发展环保产业需要经济支持，更需要科技投入。

目前，环保技术日新月异，国际竞争日益激烈。国际竞争说到底是综合国力的竞争、人才的竞争、民族创新能力的竞争。只有加快培养和引入一批能够引领先进环保技术的杰出人才，我国才能进入环保产业强国的行列。

（四）积极推动环保产业领域的国际合作，特别是加强与东盟等发展中国家和地区的环保产业交流与合作

中日韩环保产业圆桌会为中日韩三国环境部长会议机制下的会议，由三国轮流召开，旨在促进中日韩环保产业的交流。2011 年 4 月在韩国釜山召开的中日韩环境部长会上举办了企业家论坛。借鉴中美环保产业论坛的经验，建议以中日韩三国环境部长会议企业家论坛为基础，整合中日韩三国产业圆桌会的资源，推动举办中日韩三国环保产业论坛，促进日韩先进的环保技术向中国转移，为中日韩环保产业合作搭建平台，特别是为环保企业合作提供渠道和桥梁。

相对日韩，我国环保技术相对落后，但是经过国内多年的环境治理工作的开展，部分技术符合发展中国家市场需求。以东盟、非洲为代表的发展中国家区域，无疑是我国环保产业实现"走出去"战略的重要市场。商务部等十部委联合下发的《关于促进战略性新兴产业国际化发展的指导意见》中，鼓励节能环保等七大产业"走出去"进行海外投资并购。环保部出台的《关于环保系统进一步推动环保产业发展的指导意见》中明确提出，"实施环保产业'走出去'战略。加强环境领域国际合作与国际环境技术转让，大力推进我国环保产业外向型发展。"因此，建议出台相关政策，支持、鼓励中国与东盟等发展中国家地区开展交流，推动建立中国—东盟环保产业论坛，实施试点和示范项目，探索支持环保产业"走出去"的模式和途径。

加快推进中日韩环保产业合作的思考

奚旺 贾宁

2009 年，第十一次中日韩环境部长会议将"环保产业与环保技术"确立为中日韩环境合作的十大优先领域之一。2009 年以来在十大优先领域的指引下，中日韩三国在环境标志、绿色采购、环境管理、环保技等领域以及在企业层面开展了研讨，交流了环保产业领域的国家政策。通过借鉴日韩先进的管理经验，吸收日韩相对成熟的环保技术，开展大量的中日、中韩环保合作项目，极大地推动了我国环保产业的发展进程。

2014 年，第十六次中日韩环境部长会议提出三国需要进一步推动环保产业和绿色技术合作，以保障可持续发展。同时，会议还确定了 2015—2019 年三方环境合作新的九大优先领域：空气质量改善；生物多样性；化学品管理和环境应急响应；资源循环管理/3R/电子废弃物越境转移；应对气候变化；水环境和海洋环境保护；环境教育、提高公众意识和企业的社会责任；农村环境管理；绿色经济转型。

在新形势下，本文通过梳理中日韩环保产业合作机制，总结分析了三方在合作中存在的问题以及取得的成果，并对下一步开展中日韩环保产业合作提出如下对策建议：（1）研究建立中日韩绿色技术交流合作机制，逐步形成包容、互信的长效合作机制；（2）加快搭建中日韩绿色经济合作平台，以有效推动三国信息共享和技术合作；（3）发挥环保企业的主体作用，适时推动建立跨国企业联盟，共同开拓国际市场；（4）继续发挥好中国—东盟（上海合作组织）环境保护合作中心的平台作用，推动环保产业示范基地与日韩企业的交流与合作。

一、中日韩环保产业合作机制概况

1999 年，首届中日韩环境部长会议的举办开启了三国开展环境合作的篇章，近年来中日韩环境部长会议积极推动了中日韩三国在信息交换、联合研究及合作项目的开展。目前，在中日韩环境部长会议机制下，中日韩环保产业合作机制分别为中日韩环保产业圆桌会和环境部长会议期间企业论坛。

（一）中日韩环保产业圆桌会

中日韩环保产业圆桌会于 2000 年在第二次中日韩三国环境部长会议上确定，每年由中日韩三国联合召开，由三国轮流主办，旨在促进中日韩三国环保产业和环保技术的交流与合作，促进区域可持续发展，实现经济绿色增长。

从 2001 年开始，中日韩环保产业圆桌会为中日韩三国间的环保产业合作与交流建立了良好的平台，促进了三国环保产业与技术的实质性合作。圆桌会在成立初期，主要针对环保产业的定义、范畴、国家政策以及三国环保产业的合作战略、发展展望等方面开展了研讨，为三方开展环保产业合作奠定了基础。之后，三方探讨的议题逐步深入到具体领域，包括生态工业园的建设、绿色投资及绿色商业、环境投融资政策、环境友好产品的生产与消费等，积极推动了三国在这些领域的交流与合作。近几年，圆桌会会议议题主要固定在绿色采购、环境标志、环境管理及环保产业与技术四个议题上，从绿色消费、环境金融、企业信息公开及社会责任、环境标志共同标准、环保技术验证等方面开展了务实性合作，积极促进了我国环保产业的发展。中日韩环保产业圆桌会会议时间、地点及议题如表 1 所示。

表 1　中日韩环保产业圆桌会基本情况

序次	时间	地点	主要议题
1	2001 年 6 月 11—12 日	韩国首尔	21 世纪环保产业发展战略展望
2	2002 年 7 月 23—24 日	日本兵库	1. 环境产业的现在与未来，前方的道路 2. 绿色商业活动 3. 绿色投资的作用和持续发展的技术
3	2003 年 12 月 16 日	中国北京	1. 循环经济与生态工业园 2. 环境投融资与环保产业发展 3. 促进环境友好产品的生产和消费
4	2004 年 6 月 16—17 日	韩国首尔	1. 最新环境技术与政策——危险废物处置 2. 可持续发展的企业战略与政策工具 3. 环境标志与绿色采购

序次	时间	地点	主要议题
5	2005 年 9 月 13—14 日	日本东京	1．绿色采购 2．促进中小企业的环境管理 3．环境标志认证系统
6	2006 年 9 月 26—27 日	中国烟台	1．绿色采购 2．三国环境标志认证共同标准 3．环境技术分享 4．中小企业环境管理
7	2007 年 11 月 13—14 日	韩国釜山	1．企业环境管理 2．环境标志 3．环保产业与环保技术 4．绿色采购
8	2008 年 11 月 4—5 日	日本志贺	1．绿色采购 2．环境管理 3．环境标志 4．环保产业
9	2009 年 10 月 13—14 日	中国北京	1．绿色采购 2．环境管理 3．环境标志 4．环保产业及环保技术交流
10	2010 年 12 月 1—2 日	韩国首尔	1．绿色采购 2．环境管理 3．环境标志 4．环保产业与技术交流 5．环保技术验证 6．环境信息中心
11	2011 年 11 月 9—10 日	日本名古屋	1．绿色采购 2．环境管理 3．环境标志 4．环保产业与环保技术交流
12	2012 年 11 月 28—12 月 1 日	中国宜兴	1．绿色采购与环境标志 2．环保技术交流与合作 3．企业环境管理
13	2013 年 10 月 23—25 日	韩国仁川	1．环保技术交流与合作 2．环境标志 3．环境管理促进政策
14	2014 年 11 月 19—21 日	日本高松	1．环境技术信息共享与合作 2．环境管理 3．环境标志 4．固废领域环境促进政策

（二）环境部长会议期间企业论坛

中日韩环境部长会议期间企业论坛作为环境部长会议机制的一项创新，于 2010 年由韩国环境部提出，每年由中日韩三国联合召开，由三国轮流主办，旨在促进三国环保产业界经验交流、知识共享和开展深度合作。

截至 2014 年，环境部长会议期间企业论坛已举办四届，共有来自三国政府、相关产业与学术机构和企业的 100 多位代表参与。企业论坛分别以改善环境方面加强与发展中国家企业合作、环境服务业发展、拓展绿色市场促进绿色经济的国际合作、环保产业在东北亚地区环境合作中的积极作用为主题开展了研讨，各国代表根据他们在环境咨询服务、合同环境服务、绿色技术推广以及节能减排技术等领域的丰富经验，发表了精彩的演讲，阐述了各自的深刻见解，并表达了就某些开展具体合作项目进行进一步沟通的良好意愿，从企业层面积极推动了三国环保产业的交流与合作。环境部长会议期间企业论坛时间、地点及主要议题见表 2。

表 2　环境部长会议期间企业论坛基本情况

序次	时间	地点	主要议题
1	2011 年 4 月 27—28 日	韩国釜山	改善环境方面加强与发展中国家企业合作
2	2012 年 5 月 3—4 日	中国北京	环境服务业发展 1. 建立健全市场机制，发展环境服务业 2. 通过开展国际合作项目，提升环境服务业
3	2013 年 5 月 5—6 日	日本北九州	拓展绿色市场，促进环保产业的国际合作 1. 拓展绿色市场 2. 解决问题和障碍的思路与建议
4	2014 年 4 月 28—29 日	韩国大邱	环保产业在东北亚地区环境合作中的积极作用

二、中日韩环保产业合作重点分析

（一）突破三方合作中的障碍，环保产业合作领域逐渐深入具体

近年来，中日韩环保产业合作突破了合作中的层层障碍，三方合作成果显著。

一是克服日中政治关系冷暖不定的影响，积极推动了两国环保产业合作进程；二是消除联络点变换频繁的不利影响，顺利完成工作交接，与日韩双方联络员保持了良好的联系；三是积极寻求三方合作需求的平衡点，在中日韩三方环保产业需求不对等的条件下形成丰厚的合作成果。

中日韩环保产业合作在突破合作障碍的同时，合作领域逐步深入具体。在环境标志领域，三方从最初的环境标志产品的技术要求和制定标准的讨论，再由环境标志产品互认合作协议发展到共同认证标准，到目前的各类产品互认的认证规则、认证程序和实施规则的讨论与签署，三国在环境标志领域的合作越来越深入具体。在环保技术领域，三国积极探讨环保技术发展现状与趋势、环保技术评价体系、环境研究与技术发展基金、三国环境合作项目等话题，从政府层面和企业层面分享了环保技术的资源以及经验，促进了三国环保技术的交流与合作。

（二）创新中日韩环保产业合作机制，积极适应三国环保合作实际需求

环境部长会议期间企业论坛作为环境部长会议的一项创新，近年来积极推动了三国政府间的交流与合作，但是由于企业论坛政治目的性较强、商业针对性较弱，三国企业参与度普遍不高，而且会议成果多为意识层面的共识，未有开展务实合作的打算，已不能适应目前中日韩环保产业合作的实际需求。同时，中日韩环保产业圆桌会已开展多年，会议内容由环保产业政策向环境标志、企业环境管理、环保技术交流与合作等具体领域转移。

因此，由中方提议的环保产业圆桌会和企业论坛合并的方案得到日韩积极响应，合并后中日韩环保企业圆桌会于2015年4月与中日韩环境部长会背靠背召开。中日韩环保企业圆桌会在三国固有合作机制上的一项创新，将继续扩大既有合作的优势层面，拓宽三国在环境标志、环境技术等领域的固有合作；同时，论坛将降低务虚层面的合作，开拓更受企业欢迎、更有针对性、更加务实的合作议题，满足三方在环保产业领域的实际需求，积极推进三国在企业层面的务实合作。

（三）积极推动三国绿色转型，绿色技术将成为三方合作的重点领域

在第十六次中日韩环境部长会议上，为应对新出现的问题的需要及共同利益，三方确定了2015—2019年环境合作新的优先领域，绿色转型将取代环保产业和环保技术成为三方环境合作的优先领域之一。同时，联合公报肯定了三方环保产业

圆桌会和企业论坛取得的成果，提出将进一步推动环保产业和绿色技术合作，以保障可持续发展。

环保产业和环保技术将不作为2015—2019年中日韩环境合作优先领域，一方面是适应新时期的合作形势，上一期的"十大优先领域"为三方环保产业合作提供了重要指引，环保产业合作已逐渐深入到具体合作领域，在新形势下三方将开展更加具体、更加针对性的合作；另一方面是迎合国际形势的需要，近年来国际社会将更多的目光聚焦在绿色增长、绿色转型上，将绿色转型设为三方合作的优先领域符合国际社会发展的潮流，将对三方绿色经济的发展助力颇丰。此外，联合公报提出进一步推进绿色技术合作，扩大了三方技术合作范畴，三方合作将不再仅仅限于环保技术，这为三方下一步开展合作提供了重要指引。

三、对策建议

为进一步加强中日韩三国环保产业的交流与合作，借鉴日韩相对先进的环境技术和管理方式，促进三国合作项目的开展，开拓我国环保产业市场，推动区域绿色经济转型，建议如下。

（一）研究建立中日韩绿色技术交流合作机制，逐步形成包容、互信的长效合作机制

目前，绿色经济转型已成为世界各国推动经济发展的战略核心，环保产业与绿色技术将成为新时期的经济增长点，绿色技术合作也将成为中日韩三国的合作重点。但是中日韩三国在绿色技术领域的合作还未形成长期、有效的机制，不利于消除开展绿色技术合作的政策障碍，建议在明年召开的中日韩环保产业合作论坛上，研究建立中日韩绿色技术交流合作机制，以加强三方行政单元之间的联系和区域协调合作，促进中日韩三方绿色技术转移，进一步推动东亚一体化进程。

此外，在中日韩绿色技术合作机制下，可效仿环境标志工作组会议，设立针对绿色技术合作的工作组，定期就三方绿色技术合作召开研讨，将研讨的内容具体化、务实化，切实推动中日韩绿色技术合作形成长效机制。

（二）加快搭建中日韩绿色经济合作平台，以有效推动三国信息共享和技术合作

第十五次中日韩环境部长会议提出探讨构建绿色经济政策对话和技术合作平台，以加强三国信息共享和技术合作，加快可持续发展进程。因此，建议加快搭建中日韩绿色经济合作平台，以进一步分享三国的环境政策、市场、技术等信息，为三国传递政策、填补知识差距和交换信息提供平台。建议三国绿色经济合作平台从以下三个层次构建：一是分享促进三国绿色发展的相关政策、法规，为政策制定者和实践者提供必要的政策指南、最佳实践工具，支持三国向绿色经济的转型；二是开展环保市场信息交流，建立产业界的信息传递渠道，通过发布企业想要引进和推广的技术，为企业开展绿色技术合作提供供需平台；三是建立绿色技术数据库，收集日韩相对先进的绿色技术和产品，进行第三方技术筛选，制定日韩优秀绿色技术清单，为我国发展绿色科技和创新提供借鉴。

（三）发挥环保企业的主体作用，适时推动建立跨国企业联盟，共同开拓国际市场

环保企业掌握着经过市场检验的管理经验和适用技术，是中日韩环保产业合作的主力军，也是具体合作工程项目的操作者和承担方。积极发挥环保企业的市场主体作用以及政府、研究机构、产业专家的引导、支撑作用，将有效推动环保产业国际化发展。建议进一步拓宽合作渠道，构建环保产业合作网络，适时推动建立中日韩环保企业联盟，支持环保企业强强联手，互相利用资源网络的优势，不断开发新的市场，扩大市场份额。

目前，东盟、非洲以及南美等发展中国家面临着环境日益恶化的压力，环保市场需求巨大，我国环保企业与日韩企业结成"攻守"联盟，利用各自手中的资源、信息，一方面将互相借鉴管理、技术等先进经验，提升各自企业自身的发展水平；另一方面通过引进日韩先进技术提高中国环保产业的技术水平，推进产业升级换代，从而提高其国际竞争力。

（四）继续发挥好中国—东盟（上海合作组织）环境保护合作中心的平台作用，推动环保产业示范基地与日韩企业的交流与合作

目前，中国—东盟（上合组织）环保中心承担了中日韩环境部长会议机制的技术支持工作，在部长会机制下负责环保产业圆桌会、企业论坛、循环经济研讨会三个机制性会议，同时在联合项目研究、人员能力建设等方面合作取得丰厚成果。积极发挥中心在中日韩环保产业与绿色技术合作中的平台作用，推动三方就政策交流、科学研究、技术转让等方面开展广泛的交流与合作，将有效促进我国环保产业与绿色技术的提升。

此外，在中国—东盟（上合组织）环保中心的推动下，已启动中国—东盟环保技术和产业合作示范基地（宜兴）的建设，未来还将在广西梧州、新疆乌鲁木齐、黑龙江哈尔滨开展面向东盟、中亚和俄罗斯的环保产业示范基地建设，我国环保产业示范基地与日韩环保企业将有着巨大的合作空间。同时，推动示范基地与日韩企业就产品研发、技术转让等项目的合作，以项目合作的形式推动企业结为合作伙伴关系，还将能够扩大中国—东盟（上合组织）环保中心在东北亚地区的影响力，对中国—东盟（上合组织）环保中心打造区域环境合作平台具有积极的推动作用。

柬埔寨环境管理体系研究及中柬环境合作建议

丁士能　　毛立敏

近年来，随着工业化、城镇化进程加快，柬埔寨面临着水、大气、固废等环境问题的挑战。受制于自身经济水平、科技水平等因素制约，开展国际合作已经成为柬埔寨推动自身环保工作开展的重要手段之一。2015 年，中柬环境部门签署了中国—柬埔寨环境保护合作谅解备忘录，双方环保合作进入一个新的发展阶段。本文分析了柬埔寨环境管理体系及中柬环境合作现状，提出了促进中柬环境合作的建议。

一、柬埔寨环保制度

（一）环境立法体系

柬埔寨的环境立法体系包括以下几部分：一是宪法的有关规定；二是关于环境保护的基本法律，如《环境保护与自然资源法》；三是关于环境保护的单行法，如《水污染管理法》；四是政府制定的环境标准，如《环境空气质量标准》；五是柬埔寨参加的国际法中的环境保护法规。从涉及的环境保护领域来看，包括空气污染、噪声、垃圾处理以及水资源污染进行管理和监督等方面，比较全面。

1. 水污染管理

1999 年 4 月，柬埔寨政府颁布《关于水污染管理的行政法规》，以规范水污染的管理，减少公共水域的污染，保障人们的身体健康，保持生物多样性。

该法规严禁任何人向公共水域、公共排放系统处置固体废弃物或任何垃圾或任何有害物质，严禁因固体废弃物或任何有害物质的储存与处置使公共水域中的水质受到污染，严禁住宅与公共建筑物的污水不经公共排放系统或其他处理系统便向公共水域排放。

法规还附有 5 个附件，分别规定了有害废弃物的类别、废水排放标准和废水进入公共水域的污染控制标准、排放与运输废水前需要从环境部获得许可的污染源类型、公共水域为保持生物多样性的水质标准和公共水域与公众健康水质标准。这 5 个附件的内容是环境部进行监测和管理执法的具体标准。

2．空气污染与噪声管理

2000 年 7 月，柬埔寨政府颁布《关于空气污染与噪声干扰管理的行政法规》，以防止由于空气污染与噪声干扰产生的不良影响，保护环境质量与公众健康。

根据法规，环境管理部门应对空气质量进行检查与监测，以便采取措施减少空气的污染；保管好有关空气质量测试与空气质量状态结果的资料，并让公众知晓柬埔寨境内空气的质量和空气污染的情况。如果发现有任何地区受到空气污染的影响，并对健康和环境构成威胁，环境部应立即通知公众，并对污染源进行调查，采取预防措施，尽快恢复空气质量。

3．固体废弃物的管理

1999 年 4 月，柬埔寨政府颁布《关于固体废弃物管理的行政法规》，以规范固体废弃物的管理，并提供安全规范，以保障人民的身体健康与保持生物的多样性。

法规适用于所有与有害废弃物相关的处理、储存、收集、运输、周转、掩埋等内容。附件对废弃物类别进行了介绍，共有废酸、废碱、废金属及其化合物生产或使用等 32 种。

4．环境影响评估制度

1999 年 8 月，柬埔寨政府通过《有关环境影响评估程序的行政法规》，规定对柬埔寨境内的工业、交通、水利、农林、商业、卫生、文教、科研、旅游、市政等对环境有一定影响的基本建设项目都必须进行环境影响评估。

法规的目的是在项目开工前了解环境变化的趋势，提出防范对策和措施，以指导建设项目的规划、设计和建设，预防将来可能出现的环境污染与环境破坏问题。

5．自然保护区的管理

柬埔寨政府先后颁布《保护区划定和设立法》（1993 年）、《自然保护区法》（1994 年）、《可持续发展：自然资源与环境》（2002 年）等一系列关于自然保护区的法律法规，保护濒危物种及栖息地，保持自然环境的生态平衡。在保护区内，农林渔业部应会同有关部门，与国家组织以及非政府组织合作，加强对自然保护区的管理、发展与保护。

（二）环境管理体系

1．环境部组织结构

柬埔寨的环境保护机构分中央和省两级，中央环境部包括行政、财政、人事司，环境监察司，环境影响评价司，环境知识与信息司，自然资源保护司。

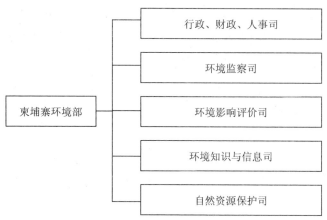

图 1　柬埔寨环境部组织结构图

2．其他机构的环境保护职能

除环境部，1994 年 4 月 26 日柬埔寨政府颁布的《工业、矿产和能源部的组织和职能的法令》也规定了工业、矿产和能源部与环境保护有关的职能。该法令规定工业、矿产和能源部指导和管理柬埔寨境内除石油和天然气部门外的其他工业、矿产和能源部门，其中与矿产有关的下设机构有矿产资源局、地质局和矿产资源发展局、地质局和矿产资源发展。

工业工作局要根据现行法律对纺织品、成衣、皮革、纸制品、木材和非木材林业部门、化学、橡胶和橡胶制品等大中型工业进行评估，并检查和处理其中的不规范行为；工业技术局要监管工业和手工业企业的行为，与环境部一起防止居住在污染环境和区域内的人受到污染物的侵扰；地质局要利用地质技术，开发矿产资源，保护环境，防止自然灾害；能源部要通过维护和保护环境，促进电力节约。

2000年4月7日，柬埔寨政府颁布了《关于农业、林业和渔业部组织机构和职能的法令》，规定农业、林业和渔业部有以下职责：为满足国家需求，维护生态平衡，对自然资源的开发进行管理和指导；制定有关规定，管理和保护自然资源，并及时贯彻执行。

森林部门制定森林资源和野生动物的存量及分类细目表，评价其潜力，引导其发展；制定规划，拟定相关法律法规，对森林资源开发、野生动物的捕猎进行管理；参与制定环境保护措施，制订森林管理计划，划定野生动物和自然资源保护区，划定造林区，制定森林和野生动物发展政策；鼓励、支持保护自然资源和野生动物资源、植树造林和发展森林社区等行为。

二、中柬环境合作现状

中柬在大湄公河次区域（GMS）、中国—东盟、东盟—中日韩等框架下保持了良好的沟通与协调，但总体上仍然存在合作领域少、交流范围小、合作层级低等不足。

（一）合作领域少

目前，中柬环境合作主要集中在环境影响评价、人员交流与培训等领域。柬埔寨环境部门参照我国的《环境影响评价法》《建设项目环境保护管理条例》和《规划环境影响评价条例》，起草了《柬埔寨环境影响评价条例草案》。2013年，东盟中心与柬埔寨环境影响评价司合作，对柬埔寨草拟的环评条例草案进行评估。人员交流培训主要是依托中国—东盟绿色使者计划开展的人员培训活动，已有超过 40 名柬埔寨环境官员以及青年大学生参加了该计划的各项培训交流活动，内容涉及环境执法、城市环境管理、水污染防治、绿色经济政策等。这些活动的举办得到了柬埔寨环境部门的高度认可，为提升柬埔寨环境管理能力作出了积极贡献。

（二）交流范围小

柬埔寨环境部人员交流培训需求大，但中柬的人员交流培训活动大部分是在中国—东盟绿色使者计划下开展。交流培训多在多边合作机制下开展，无法实现对柬埔寨的国别培训。且受资金限制，每次活动东盟十国受邀参与人数基本上限制在 2 人左右。柬埔寨环境部还是一个弱势部门，专业人员配置较少，人员流动较大，培训需求大，柬埔寨环境部往往优先派遣部委相关工作人员参与，地方环保部门参与交流机会很少。

（三）合作层级低

除环境影响评价合作项目外，目前柬埔寨参与中柬环保人员交流与培训的人员基本以处级及以下人员为主。一是交流培训活动时间跨度多为一周，对于高级别官员时间太长；二是柬方高级别官员流动较大。如 2013 年，中方与柬埔寨环境部环评司约定该年赴柬开展合作活动，但是由于人事调整，此活动被推迟至 2014 年；三是缺乏双边合作机制及双边合作资金，难以推动双方进一步合作。

三、中柬环境合作未来需求

（一）人员交流培训

2015 年 6 月，我国环境部副部长李干杰与柬埔寨环境部国务秘书因津信在北京签署《中柬环境保护合作谅解备忘录》。因津信在与李干杰副部长会面时也提出，希望通过备忘录的签署和落实，中柬能够建立起富有建设性的合作机制，制定相应行动计划，加强人员交流与培训，共同推动环境保护工作。因此，开展人员交流与培训是落实备忘录中九大优先合作领域的重要措施之一。

（二）支持柬埔寨环保法律体系建设

由于柬埔寨相关法律体系的不完善以及环保部门地位不高，环保工作常常得到不重视。为改变这种现象，在充分了解中国环保工作发展历程的基础上，柬埔寨有关方面提出，可以中国柬埔寨环境影响评价法合作为示范，通过人员交流培训，将中国相关法律、法规、政策作为参考，支持柬埔寨完善相关法律、法规以及标准。

（三）环保技术交流合作

环保产业和技术是中柬关注的重点之一，并被列入中柬环境保护合作谅解备忘录的优先合作领域。由于柬埔寨自身科研及经济发展水平，常常无法实现对污染的有效处理。借助国外的成熟技术以及诸如 PPP 等新的合作模式，解决本国污染问题已经成为柬埔寨环境部门主要措施之一。对于建设运营成本低、处理效果好的中国环保技术，柬埔寨环境部门相关官员给予了高度关注。可以预见，中柬环保技术交流与转移将成为中柬环境合作中重要的组成部分。

（四）环保合作机构

中国—柬埔寨工业污染防治能力建设研讨班期间，中国—东盟（上海合作组织）环境保护合作中心提出了共同建设中国—柬埔寨环保中心（以下简称中柬中心）的建议。该建议得到了柬埔寨环境部官员的积极响应。此后，双方开始就中柬环保中心的概念书进行修订工作。根据概念书内容，中柬环保中心将成为中柬环保合作的主要平台。在环境保护、生物多样性、环保技术等领域，开展人员交流培训、技术转移、联合研究、法律制定咨询等工作。

四、中柬环境合作建议

开展对柬埔寨的环境合作，不仅能够体现中国负责任的大国形象，促进区域环境质量的改善，服务国家绿色"一带一路"建设，同时也是推动我国绿色转型、优化对外投资结构、拓宽中国环保产业市场的大好机会。

（一）加强对柬埔寨环保合作的顶层设计

结合中柬环境保护合作谅解备忘录相关要求，建议开展中柬环保合作顶层设计工作。首先，通过梳理、整合现有资金渠道，为未来中柬环保合作提供一个稳定的资金渠道。其次，确定下一阶段中柬环境合作的重点项目，制定中方落实备忘录行动计划。最后，结合现有中柬合作实践，将环境影响评价等相关合作项目列入中柬环境合作示范项目。

（二）实施中国—柬埔寨环保绿色使者计划

借鉴中国与东盟在环保能力建设以及提升公众环境意识领域旗舰项目——中国—东盟绿色使者计划的经验，实施中国—柬埔寨环保绿色使者计划，通过开展内容丰富、形式多样的交流活动，将其打造成为中柬在环保能力建设和环境教育领域的旗舰项目。结合柬方需求，该计划可优先考虑在大气污染防治、监测和分析，循环经济，环境监察与执法，环境影响评价以及城市环境管理规划等领域开展人员交流与培训。

（三）积极推动中国—柬埔寨环保中心建设

目前，中柬双方正就中国—柬埔寨环保中心项目概念书进行修订，并计划签署相关合作意向书。下一阶段，建议环保部积极与商务部协商，将该项目纳入国家对外援助项目。同时，与外国专家局、科技部等部委联系，为向中柬中心派遣中方环保专家，开展环保技术研发提供资金渠道。此外，建议结合中国—东盟环保技术和产业合作交流示范基地建设，引入中国环保企业参与其中，为未来中柬中心开展环保技术交流与转移合作提供支撑。

合作模式探讨

技术转移国际经验对"一带一路"环保技术国际合作的启示

郭 凯 段飞舟

技术转移是我国实施自主创新战略的重要内容，是推动战略性新兴产业企业实现技术创新、增强核心竞争力的关键环节，是创新成果转化为生产力的重要途径。随着"一带一路"建设的深入推进，合作也呈向全方位、深层次和新领域发展的态势，生态与环保合作成为各方共识及重要领域。开展环保技术国际合作是打造绿色丝绸之路的重要手段，也是我国引进输出环保技术的重要途径。本文研究了发达国家技术转移的主要模式和特点，研究了我国技术转移的发展及存在的问题，提出了加强"一带一路"环保技术国际合作的建议。

一、我国技术转移现状

（一）我国技术转移模式

我国技术转移模式主要是以科学技术部在借鉴欧盟创新驿站①经验，结合我国国情，实施的中国创新驿站计划。该计划是一个以企业技术需求为导向，以信息化手段为支撑，实现跨地区、跨行业、跨领域的技术转移服务体系的中小企业创新支持系统。

---

① 欧盟创新驿站网络（Innovation Relay Center，IRC）成立于 1995 年，由欧盟委员会根据其"创新和中小企业计划"资助而建立。该网络遍布 33 个国家，有 71 家创新驿站是欧洲重要的、也是最成功的技术合作与转移中介网络。

中国创新驿站站点分为国家、区域、基层三级站点。国家站点设在科技部火炬中心，区域、基层站点之间可以开展广泛的合作，不受地域限制。国家站点根据区域站点提供的地区和行业需求进行国家科技计划成果的筛选、信息整理和调研。负责网络工作系统的管理和日常维护工作。

区域站点作为省、市中心站点除具备基层站点的功能外，按照国家站点的部署，组织开展对科技计划成果的筛选、中试孵化、集成、市场化开发、投融资等服务。部分站点将作为国际站点开展国际技术转移服务工作。

基层站点是网络的基本结点，为企业提供"一站式"创新支持服务。

（二）典型技术转移机构

技术转移机构是技术转移中的重要载体。2008 年，科技部根据《国家技术转移促进行动实施方案》和《国家技术转移示范机构管理办法》，确定清华大学国家技术转移中心等 76 家机构为首批国家技术转移示范机构[①]。

1. 中国科学技术交流中心

中国科学技术交流中心是科学技术部下的国家级对外科学技术交流机构。通过对外科技交流活动，促进中国与世界其他各国和地区的科技、经济和社会发展等方面的合作与交流。交流中心作为政府成立的科学技术交流专业机构，与市场化盈利性的技术转移机构不同之处在于除进行技术交流活动外，还承担了相关科技国际合作机制、政策研究、人员交流等工作。

该中心职能包括政府间双边和多边科技合作协定或者协议框架确定的对我国科技、经济、社会发展和总体外交工作有重要支撑作用的政府间科技合作项目；围绕国民经济、社会可持续发展和国家安全的重大需求，开展的具有高层次、高水平、紧迫性特点的国际科技合作项目；与国外一流科研机构、著名大学、企业开展实质性合作研发，以"项目—人才—基地"打造科研人才基地。

目前，该中心与 40 多个国家和地区的 130 多个机构及著名企业集团建立了合作关系，形成了对美洲和大洋洲、欧洲、亚洲和非洲及港澳台地区合作交流的网络。

---

① 第一批 76 家，第二批 58 家，第三批 68 家，第四批 74 家，第五批 95 家，第六批 84 家。

2．清华大学国际技术转移中心

清华大学国际技术转移中心是于 2002 年 9 月经原国家经济贸易委员会①和教育部联合认定的国家级技术转移中心，主要职能定位于技术转移的实践与理论研究，为国外企业的产品和技术进入中国，以及其在中国的本土化问题提供全方位的服务。

清华转移中心下设经营性实体科威国际技术转移有限公司（COWAY），是国内最早设立的以市场化方式运作的技术转移与技术商业化服务机构。该公司的运行模式市场化程度较高，在成熟的技术转移模式的基础上，为企业提供成套技术转移、咨询与融资服务，开展技术匹配、技术验证、中试放大和相关技术人员的培训等服务，并针对企业的个性化需求，开展技术集成与二次开发服务使企业获得与单一技术相关的增值服务。

二、发达国家与地区的技术转移模式及特点

（一）发达国家与地区的技术转移模式

1．欧洲——区域技术转移服务网络模式

欧洲承接国际技术转移的模式可以概括为"区域技术转移的服务网络模式"，见图 1。

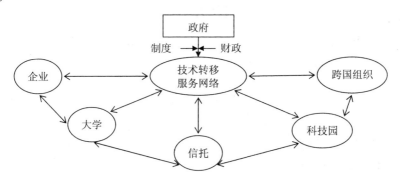

图 1　欧洲的区域技术转移服务网络模式

---

① 2003 年 3 月 10 日，第十届全国人民代表大会第一次会议通过了国务院机构改革方案，决定撤销外经贸部和国家经贸委，设立商务部，主管国内外贸易和国际经济合作。

该服务网络按照统一的服务标准、通过统一的服务平台，为科技型中小企业提供标准化的一站式服务，这个网络将欧洲各国的网络成员联结，传播技术供给、技术需求和技术政策，其数据库包括欧洲最先进的技术，成员均可以直接查询、使用。成员可以加入和拥有数据库，在此发布需求或寻找适合自己的合作伙伴。网络服务平台采用全新的协同服务的理念，充分整合体系内所有服务机构的能力，以协同服务、接力服务的方式最大限度地发挥平台的服务能力。

2. 美国——多主体多层次的技术转移组织协同治理模式

美国的技术转移模式由国家、联邦、大学和企业等四个主体构成的多主体、多层次的技术转移组织协同治理模式，见图 2。在美国技术转移是企业经营活动的重要内容，也是美国国家经济与贸易成分的重要组成。因此，这种多主体、多层次间的协同是通过市场来实现的，技术转移依靠企业广泛参与国际技术分工与合作，如资本、技术和人员交流以及对外投资等。

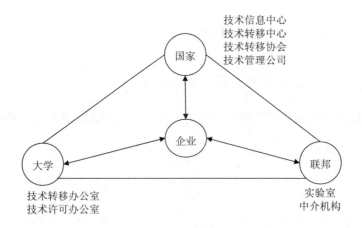

图 2　美国的技术转移模式

随着互联网在经济活动中的广泛运用，承接国际技术的途径和方式更加的空前广泛。美国大学技术经理人协会推出"全球技术门户"网站，以方便企业与大学之间的网络、合作与许可业务。

制度设计促进了美国技术转移中介组织的发展，同时也掀起了技术转移的热潮。例如，1980 年美国制定的针对公共研究机构的《拜杜法案》[①]和针对联邦实验室的《斯蒂文森技术创新法案》。

3．日本——基于国家和企业合作行动的技术转移模式

日本是采取国家和综合商社合作行动的技术转移模式，见图 3。

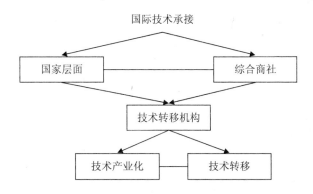

图 3 基于国家和综合商社的合作行动的技术转移模式

日本是世界上最成功地运用技术转移实现经济复苏和产业结构调整的国家之一。"二战"后，日本的工业生产技术较之欧美发达国家落后 20～30 年。从 1950 年起，日本实施引进国外先进技术战略。1958 年，日本设立日本贸易振兴会（JETRO）[②]，专门负责收集整理、分析加工和传递报道国外经济和科技情报，以充分有效地获取国外技术转移信息。

日本的综合商社、大企业则开展技术跟踪和技术情报调查活动。日本跨国公司设立有专职的科技情报部门，并利用公开的出版物、数据库监视技术动向、识别未来重要技术领域。另外，还通过向海外派驻情报收集人员、与大学、研究机构等建立密切的联系来获得最新的技术情报。在"国家+商社"合作行动的技术转移模式之下，日本企业采取"引进→消化吸收→创新→输出"的技术创新路径，

[①]《拜杜法案》由美国国会参议员 Birch Bayh 和 Robert Dole 提出，1980 年由国会通过，1984 年又进行了修改。《拜杜法案》使私人部门享有联邦资助科研成果的专利权成为可能，从而产生了促进科研成果转化的强大动力。该法案的成功之处在于：通过合理的制度安排，为政府、科研机构、产业界三方合作，共同致力于政府资助研发成果的商业运用提供了有效的制度激励，由此加快了技术创新成果产业化的步伐，使得美国在全球竞争中能够继续维持其技术优势，促进了经济繁荣。

[②] JEREO，Japan External Trade Organization. 日本总部设在东京，截至 2013 年 3 月 1 日，在国外 55 个国家，设立了 73 所办事处，职员人数约 1 500 人。在中国北京、上海、大连、广州、青岛、武汉、香港设有中国办事处。

即把引进的国外先进产品进行解剖等反向工程来学习国际先进技术，再到模仿创新，以至最终实现自主创新。

日本侧重"科研成果产品化"和"技术转移"，一是创办"高科技市场"，促进大学科研成果向企业转移和研究成果的产品化，提高日本企业的竞争能力。日本在每个大的地区基本上都会设立一个"高科技市场"，主要建在大学和科研机构比较集中的地方。二是启动技术转移机构发展战略①（1998 年），依托重点大学建立技术转移机构、培训专业人才、完善支撑体系并就技术转移进行专门立法。

日本的科技成果转化机构或中介机构，一般叫"技术转移机构"（Technology Licensing Organization，TLO）。TLO 是在对专利、市场性评价的基础上，在从大学等获取研究成果并实现专利化的同时，向企业提供信息，进行市场调查，通过向最合适的企业提供许可等谋求技术转让的组织。具体包括：（1）发掘、评价大学研究人员的研究成果；（2）在向专利局申请的同时使之专利权化；（3）让企业使用这些专利权（实施许可）；（4）作为对等条件从企业收取使用费，并把它作为研究费返还给大学及其研究者（发明者）。

图 4　日本的大学、TLO 与企业之间的关系

---

① 1998 年 5 月，日本政府颁布了旨在促进大学和国立科研机构的科技成果向民间企业转让的《关于促进大学等的技术研究成果向民间事业者转让的法律》（简称《大学技术转让促进法》）。以期通过大学科技成果的转化来配合日本产业结构的调整，提高产业技术水平，创造出新的高技术企业，使大学的研究更加富有活力，为日本经济的复苏和学术研究的发展作出贡献。该法的核心内容是推进将大学的科技成果向企业转让的技术转移机构的设立，确立政府从制度与资金方面对科技成果转让机构予以支持的法律依据。

4．韩国——国家战略、产业集群创新与地方技术能力构建的国际技术转移模式

韩国采取的是国家战略和地方产业集群创新相结合的模式，见图 5。

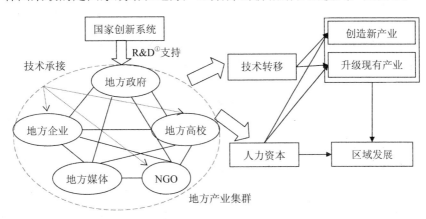

图 5　韩国承接国际技术转移的发展模式

韩国技术引进的重点始终是同工业结构升级的战略目标一致的。国家动议表现在国家对整个经济结构的走向进行规划和引导，通过技术的引进实现该国家的战略。2000 年，韩国在国家层面成立了韩国技术转移中心，隶属于国家产业能源部。2001 年，由政府和企业共同捐款成立了一家非营利技术转移组织——韩国产业技术财团，与学术界、产业界、研究院所和政府都有密切的联系，开展各类活动如培训、技术情报收集、国际合作及政府委托合同等。

表 1　韩国的国家战略与技术引进

发展阶段	技术引进的方向与重点发展的长远
20 世纪 60 年代——出口导向战略	推进轻纺工业出口导向战略，韩国的技术引进主要集中在纺织、建材、钢铁等劳动密集型产业。1962 年成立韩国贸易振兴社（KOTRA），大量收集和传递与成果转化有关的新技术、技术人才以及装备、设施等信息，为韩国出口导向型的经济发展提供了有力的支持

① R&D，即 Research and Development，研究与试验发展，指在科学技术领域，为增加知识量，以及运用这些知识去创造新的应用进行的系统性的创造性的活动，包括基础研究、应用研究、试验发展三类活动。国际上通常采用 R&D 活动的规模和强度指标反映一国的科技实力和核心竞争力。

发展阶段	技术引进的方向与重点发展的长远
20世纪70年代——重化工发展战略	韩国进入以钢铁、有色金属、石油化工、造船、汽车、机械等行业为重点的重化工业发展阶段。韩国开始加强对引进技术的消化吸收，技术引进也从单一的成套设备额进口转变为单项技术的引进。这段时间韩国的技术引进不仅在质上有了很大的提高，技术引进的数量也大幅增加
20世纪80年代以后——"技术立国"战略	韩国的技术引进开始转向技术密集行业。这一阶段韩国技术引进主要集中在高新技术领域，如半导体、计算机、汽车、机械以及微电子生物工程等。技术政策的重点转向技术的本地化

产业集群是韩国承接国际技术转移的重要载体。21世纪初，韩国启动了产业综合体[①]和创新集群发展战略。一方面是由于现有的产业综合体为韩国的产业结构调整、经济增长作出了显著的贡献；另一方面，现有的产业综合体是在要素驱动和批量生产经济时代形成的，存在以下问题，而约束了韩国产业的新发展。一是强调生产而不是创新；二是企业研发能力不强，大学—产业—企业合作关系很弱；三是政策集中在制造产业，知识服务很薄弱；四是与腹地经济联结不紧密；五是产业综合体由大企业主导，主要集中在生产环节，中小企业的技术能力提升缓慢。

（二）发达国家及地区的技术转移特点

一是以政策法律做支撑，设置相应的职能部门。美国出台的系列法律法规有针对性，可操作性强，且细节要求多，涉及技术转移过程中的各个部门和环节，包括规定了商标、专利的注册和知识产权的保护，设立了奖励政策，激励科研人员积极参与技术转移工作，推进技术成果转移。

德国也是最早建立技术转移法律制度的国家之一。德国是欧盟成员国，在遵守欧盟技术转移方面制定的法律法规基础上，制定的与技术转移有关的法律有《基本法》和《专利法》。

1999年，德国联邦政府修改了相关规定，将受到联邦教育研究部资助的研发项目的研发成果下放给大学等公共研发机构，该规定类似于美国的《拜杜法案》。1967年，法国成立国立技术转移署，支持企业、公共研究部门、大学实验室和法

---

① 产业综合体是指某个特定区位上，一组相互之间存在技术、生产和分配等多方面联系的经济活动。李孟君. 产业综合体研究综述[J]. 商场现代化，2011（16）.

国科研中心进行科研成果的转化工作。

二是制定技术转移战略，给予财政资金支持。欧盟"研究、技术开发及示范框架计划"，简称"欧盟框架计划"。该计划是欧盟成员国和联系国共同参与的中期重大科技计划，具有研究水平高、涉及领域广、投资力度大、参与国家多等特点。欧盟框架计划是当今世界上最大的官方科技计划之一，以研究国际科技前沿主题和竞争性科技难点为重点，是欧盟投资最多、内容最丰富的全球性科研与技术开发计划。迄今已完成实施七个框架计划，第八项框架计划——"地平线2020"正在实施。

三是主体多元化，技术转移服务网络完善。网络由各个技术转移主体，如企业、大学、科技园区等组成。网络运用有其自身的组织性，网络覆盖范围广，有诸多不同性质的技术转移服务机构成为网络成员，见表2。

表2 欧洲层面的技术转移服务网络

1	欧洲创新转移中心	目的在于促进欧洲地区的研发机构与中小企业间的技术转移，是一个泛欧洲的技术交易市场平台
2	欧洲企业网络	旨在为中小企业提供技术创新、成果转化、经贸支持等服务的标志性机构，是全球覆盖范围最广，影响力最大的服务性平台
3	欧洲技术转移、创新及工业信息协会（简称TII）	位于卢森堡，是面向企业提供优质的科技创新支持和技术转移服务的一个社会团体，会员来自欧洲30多个国家的科研机构、企业、大学、技术转移中介机构、政府部门以及知识产权机构等
4	泛欧知识转移机构网	以欧洲各国大学和公共科研机构为会员组成的一个非营利性的社会团体，目的是通过构筑更加有效的大学和公共科研机构知识转移体系，促进欧洲创新发展和社会繁荣

美国很多大学设有技术许可办公室（TLOs）[①]或技术转移办公室（TTOs）；一定规模以上的联邦实验室均有负责技术转移的机构，负责审视和采集联邦研究机构的研究成果，将具有申请专利潜力的成果进行专利申请，并管理机构所有专利。联邦政府的中介机构包括非营利性的法人组织、民间律师事务所和顾问公司、专利管理公司、大学基金会等。

[①] 美国大学技术转移过程可描述为：广泛的、扎实的基础科学研究→科学研究基础上的技术发明→技术的评估，包括：潜在的商业价值、技术优势、保护能力、发明文件等→知识产权保护法律化过程→商业化战略与策略规划制定→形成生产产品协议或创建公司（产业孵化平台）→公司上市，学校资本退出，无形资产变现→监督技术许可的实施过程，包括技术的孵化、知识产权的保护、资金的投入等。

四是市场机制成熟，科技成果商业化程度高。

发达国家技术转移中十分注重通过市场机制构建技术转移合作网络。政府通过政策制度来规范与保障技术转移，重视发挥市场作用来调动不同主体参与技术转移活动。政府的相关政策为技术研发提供导向，企业的科技研发与技术引进围绕国家战略进行，健全的政策与法律体系与规范的市场机制保证了技术转移双方与技术中介结构的合法权益。

在此体系下，产学研政各方面衔接紧密，形成了校校合作、校企合作、跨学科合作的良好氛围，同时激发产业界参与兴趣，实现了企业深度参与的产学研合作，解决现实问题。

（三）发达国家及地区技术转移保障体系

一是良好的政策环境。为建立有序的市场竞争，制定了一系列相关法案，这些政策为技术转移服务构建了有序的市场经济以及健全的法制环境。适时调整的科技政策，在加强基础研究、普及科学教育与提高教育质量的同时，加速科技成果和新技术的商品化。美国 1982 年制定的《小企业技术创新进步法》，强化社会各界在联邦政府研究成果商品化过程中的作用。通过设立风险投资基金，贷款担保、信用及风险担保等措施，解决了中小企业技术创新所需的资金。通过给予创新企业税收优惠，给予高风险高科技企业税收优惠，鼓励企业的项目研发。

二是制定技术转移相关的法律法规。美国为提升国家竞争力，促使大学及联邦实验室技术成果的产业化，颁布了一系列有关技术转移的法案，形成了一套系统的技术转移政策。1980 年 12 月的《专利和商标法修正案》，即《拜杜法案》，1980 年的《史蒂文森—威德勒技术创新法》，1982 年制定的《小企业技术创新进步法》，1984 年出台的《国家合作研究法》，1986 年制定的《联邦技术移转法》等。这些政策一方面强化了政府为技术转移提供服务的职责，另一方面，弱化了政府参与利益的分配，政府职能定位准确，真正体现了对技术转移的促进。

三、我国与发达国家地区技术转移模式比较分析

（一）技术转移体系

我国技术转移过多地依赖于政府单方面的推动，以企业为主体的技术转移体系建设还在不断地摸索之中。

一是技术成果忽视市场需求，导致技术转化困难。由于和市场脱节和未引入市场竞争机制，很多高校、研究院所研发的项目没有市场敏感性，仅仅以完成科研项目而完成科研项目，缺乏明确的市场导向，虽然研发成果技术含量高，技术标准高，但是生产成本很高，不具备市场竞争能力，或不具备产业化生产能力，导致市场应用比较困难。

二是许多技术不成熟、不稳定，还不具备产业化的基础条件，在技术转移中存在很大的风险。自主创新的成果最初只是不成熟的创意，要变成成熟的技术、市场接受的产品，需经过实验室、中试、产业化、市场化四个阶段。很多技术没有完成小试、中试、产品定型等阶段，缺乏技术集成，离产业化还有较长的距离，并不能直接形成规模化的商品生产，不具备产业化的基础条件，导致技术转移的困难。

三是技术转移政策体系的建设与我国技术转移体系的需求仍有差距，需适时调整我国技术转移政策体系，重点在技术转移市场管理、金融贷款等方面的政策，进一步为技术转移体系的发展提供保障。我国技术市场的活力仍有释放空间，要以市场为纽带，形成技术转移政策体系与技术转移服务体系的联动，最终形成一种有序的协同运行机制。

（二）技术转移政策法律机制

我国针对科学技术相关领域，建立了相应的《中华人民共和国科学技术进步法》《中华人民共和国促进科技成果转化法》《专利法》等系列法律，但缺乏细则性指导意见与技术转移支持文件。我国还未针对技术转移制定一部专门的技术转移法，缺乏对建立我国整体的技术转移体系的法律依据。

（三）科研经费支出

从国际比较看，中国、韩国 R&D 经费增长大大快于全球平均速度；美国、德国 R&D 经费增长略快于全球平均速度；法国、英国 R&D 经费增长则低于全球平均增长速度；日本 R&D 经费出现了负增长。

2013 年，全球 R&D 经费约 13 958 亿美元，2010－2013 年平均增长速度为 5.2%，总体上保持平稳增长趋势。2013 年，我国 R&D 经费总量为 11 846.6 亿元，按当年平均汇率折算为 1 912 亿美元，已超过日本（约 1 709 亿美元），跃升为全球第二大 R&D 经费国家。但是我国 R&D 经费仍不到美国的一半（约42%）[①]。

我国企业 R&D 经费投入主体地位进一步增强。2013 年，我国 R&D 经费中企业投入的资金为 8 838 亿元，占 R&D 经费的 74.6%。

表 3　主要国家 R&D 经费（2010－2013 年）　单位：10^6 美元

国家	2010 年	2011 年	2012 年	2013 年	增长速度/%
中国	104 318	134 443	163 148	191 205	22.38
美国	409 599	429 143	453 544	—	5.23
日本	178 816	199 795	199 066	170 910	−1.50
德国	92 641	104 956	101 993	109 515	5.74
法国	57 571	62 594	59 809	62 616	2.84
韩国	37 935	45 016	49 225	54 163	12.60
英国	40 734	43 868	42 607	43 528	2.24
全球	1 199 345	1 325 026	1 368 363	1 395 802	5.20

（四）技术转移机构

依托美国政府的技术转移机构主要有"国家技术转让中心"（NTTC）和"联邦实验室技术转移联合体"（FLC），是非营利技术转移机构。除上述两家政府机构以外，美国的技术转移机构大部分都依托高校和研究机构，且大都以非营利形式存在。其中，运行最为成功的是斯坦福大学首创的技术许可办公室（TLO）模

[①] 《科技统计报告》，2015 年 3 月 4 日，总第 569 期。

式，其次还有麻省理工学院的第三方模式和威斯康星大学的 WARF 模式。

德国典型的技术转移机构有史太白技术转移中心、德国技术转移中心和佛劳恩霍夫协会。德国技术转移中心和弗朗霍夫协会都是以政府为背景，非营利的技术转移服务机构。史太白技术转移中心是德国最大的完全市场化运作的技术转移机构，以强大的技术团队为支持，直接将企业客户的需求委托给科研机构，促成两者之间的研发合作。

表4　德国典型技术转移中心

史太白技术转移中心	由德国史太白技术转移有限公司运行。该中心拥有 360 多个技术转让机构、3 500 多名专家，建立了覆盖全国的服务网络，以"担当政府、学术界与工业界的联系界面，专门为顾客需要服务，把研究成果转化为有竞争力的工艺与产品"为目标，吸引了大学研究中心、独立研究中心和科技型企业加入联盟，并为其提供技术咨询、研究开发、人才培训等服务
佛劳恩霍夫专利中心	德国较典型的技术转移促进机构，也是服务于德国公共研发体系最大的一个知识产权管理者。该中心扮演一个服务性中介的角色。它不从事任何基础或应用型研究，仅处理申请专利和专利许可的相关事务。不仅仅帮助实现技术转移，也提供诸如创新和技术评估、专利战略规划等多样化的知识产权管理服务。佛劳恩霍夫专利中心会在项目初期就引入意向企业，共同完成研发。同企业直接签订研究合同成为技术转移的首要方式。这一方式存在两大优势：第一，基本保证了整个研发过程以及未来技术转移的资金的需求。第二，研发主体同企业保持沟通，获得的研发成果大都针对企业，技术转移多半能顺利完成
石荷州技术转移中心	是在政府部门指导下工作，运行经费分别由石荷州的科技基金会和企业工商协会共同承担。该中心以技术服务、技术咨询和技术成果转让为服务内容，其中高新技术推广是其服务重心。服务对象以中小企业为主。"中心"从多角度、多种形式为地区范围内的中小企业服务，例如为企业寻找合作伙伴和支持该地区的技术创新、为企业查询国内外的技术、展览会、组织的学术报告会、技术交易市场、落实财政补助、与欧盟国家进行科技合作等

由日本政府建立的技术转移中心的典型代表是科学技术振兴事业团（JST），其提供中介服务的运行费是由政府出资和社会筹集两部分组成的。日本中小企业事业团（JASMEC）是推动官产学研联合的具体项目，除了支持向企业的技术转移与技术交流活动以外，还支持风险投资，为大学和科研机构提供成果转移和技

术合作平台。

我国的技术转移机构同发达国家的差别在于我国技术转移机构市场化程度偏低。市场驱动力不够，企业作为技术转移机构建设主体的市场能力偏弱。一方面是由于技术转移需要构建大规模多元化的网络，一般企业的资金难以维系；另一方面，企业经营的技术转移机构同技术研发单位和企业间缺乏较为成熟的服务体系。

四、对我国环保技术国际合作的思考和建议

（一）探索有利于技术合作和推广的运行机制和有效途径

构建以市场需求为导向、大学和科研院所为源头、技术转移服务为纽带、产学研相结合的环保技术国际合作体系。建立为促进技术转移服务的组织机构和合作网络。建立国家级环保技术创新转移中心，如"一带一路"环境技术交流与合作中心，形成品牌效应，整合优化现有中小环保技术转移服务机构，形成优势互补。加强与国内外知名技术转移机构的合作，强强联合，深化合作内容，提升服务能力。

发挥大学和科研院所的知识创新源头作用，加强大学、科研院所技术转移体系的整合，支持其设立专门的环保技术转移机构，引导公共财政投入所形成的科研成果和研发能力向社会转移。利用大学和科研院所的专家、教授、院士等人才资源优势和科研基础条件优势，建立技术转移咨询机制，提高技术转移和推广应用的成功率。

发挥企业的技术创新主体作用，引导企业以环境问题为导向，加强研发投入，促进企业的技术集成与应用。推动企业以产业链集成创新为目标形成各种形式的国际合作技术联盟。

进一步发挥大学科技园、科技企业孵化基地、生产力促进中心、技术转移中心、技术交易市场等科技中介服务机构的作用，探索和创新服务模式，提升专业服务能力，树立服务品牌；整合多方资源，为技术转移提供全过程服务。

加强与国家技术创新体系中各类主体的多向互动。大学、研究机构、中介服务机构与企业等通过共建或共享实验室及中试孵化平台、合作开发、技术许可、

技术入股、人员交流，企业并购、建立科技成果转化基地和技术转移联盟等方式，实现优势互补、资源共享。

进一步强化中国—亚欧博览会、中国—东盟博览会、中—阿环境合作论坛、中俄博览会、欧亚经济论坛等平台作用，研究设立以论坛、研讨会、人员技术培训、产品展示推介等多元化的国际环保技术交流模式。

（二）开展国家技术转移示范工程

结合国家级环保技术创新转移中心的建设，在我国环保产业发展水平高的地方选择符合条件的机构进行试点，重点支持其建立和完善适应市场经济要求、有利于促进技术转移的专业化服务机构，培育一批信誉良好、行为规范、综合服务能力强、起到示范带动作用的技术转移机构。

围绕环渤海、长三角、珠三角、东北、中西部等经济区域，依托中国—东盟、中国—中亚、中国—俄罗斯环保技术与产业合作交流示范基地的区位优势，不断扩展环境技术转移合作网络。准确把握环保技术与产业示范基地的技术产业特色，建立环保技术转移联盟。

以"一带一路"环境技术交流与合作中心为门户，发挥其他示范基地的区位优势和产业特色，以基地为节点，构建我国环保技术转移联盟。通过在联盟内开展环保技术与产业合作交流，实现资源互补，互利共赢。

（三）全方位启动区域环保技术国际合作战略研究

组织研究团队，包括政府有关部门、高等院校、科研机构对跨区域环保技术国际合作进行全方位的深入研究，包括技术需求、技术能力、创新水平和产业结构等各个方面。在研究成果基础上，提出针对不同区域环保技术国际合作战略和具体措施。研究制定鼓励技术国际合作网络形成的行动计划、方案、政策、措施，提供在政策、专项资金和信息等方面的策略与建议。研究编写区域环保技术国际合作互补优势及跨区域环保技术合作指导手册。开展环保技术合作专题的深入研究。结合国家环保技术国际合作需要，进行深入的具体研究，提出合作具体方案，重点对技术合作的经济效益评价，战略实施的步骤，经济回报、风险评估等方面进行研究。

（四）建立和完善技术转移的投融资服务体系

一是由中央政府财政拨款或地方政府共同出资，建立技术转移合作专用资金；二是引入市场机制，积极尝试和探索有效的融资机制。如建立风险投资创业协作网，鼓励跨地区的环保技术与资本融合。

可以按照区域开发银行的模式，先组建泛珠三角和东盟之间的区域或次区域性的开发银行，参与双方环保投资项目的开发融资。设立专门支持跨界区域重大项目建设的跨界区域发展银行，为跨区域环保技术合作提供政策性融资。此外，鼓励建立各类半官方的跨界性的地区合作组织，例如尝试建立在政府指导下的区域行业协会、大企业联合会、技术转移服务联盟、产权交易联合中心等，由这些联合机构承担投融资的纽带功能。

东盟国家环保产业需求分析及合作建议

丁士能

2014 年 9 月 17—18 日，中国—东盟环境合作论坛的环境保护技术研究与应用合作主题论坛在广西南宁召开。此次主题论坛旨在通过搭建中国与东盟国家政府与环保产业界的沟通了解平台，分享中国环保产业发展红利，加强区域内环境保护能力建设，推动区域环保产业合作，实现区域可持续发展。来自东盟国家、国内相关机构和地方环境保护部门的官员、学者和企业代表共计 100 余人出席了论坛。通过此次论坛，各国代表分享了中国环保产业发展经验，展示了中国的优秀环保技术与企业，深入了解了东盟主要国家的环保产业发展现状，进一步加强了中国与东盟推动环保产业发展、加强区域技术转移的合作意愿，为推动中国环保产业国际合作发挥了积极作用。此外，结合中国与东盟国家以棕地为代表的环境修复领域的热点话题，本次论坛还设置了环境修复单元，为东盟国家开展以土壤修复为代表的环境修复行业分享相关经验。

本文在中国—东盟环境保护合作中心（简称东盟中心）在推动环保产业合作所开展的工作基础上，结合此次论坛的成果，对东盟国家环保产业发展现状进行了进一步梳理，并结合东盟国家的需求，对未来如何务实推动中国与东盟的环保产业合作提出了具体建议：依托中国—东盟博览会，探索中国—东盟环保技术展示平台建设，强化中国环保产业对东盟的示范作用；进一步加强针对东盟国家的环保技术培训，带动中国对东盟产业相关法律、法规、标准输出；结合东盟国家需求，落实产业合作网络建设，实现中国与东盟产业信息分享；设立产业合作基金，依托中国—东盟产业合作基地，开展示范项目建设、联合研究等相关务实合作。

一、中国—东盟国家环保产业合作概况

（一）东盟国家环保产业发展概况

近年来，东盟各国经济整体上增速较快，但经济发展水平和产业结构仍存在较大差距，各国环保产业发展也不尽相同。

新加坡对环境的要求十分严格，环境保护法律法规、环境管理能力均比较完善且环保科技实力雄厚。新加坡环保产业发达，其中水务、垃圾处理、洁净能源等领域已走在世界前列。文莱虽然属于经济比较发达的国家，但是属于资源型国家，经济结构单一，工业基础薄弱，环保产业还处于发展阶段。印度尼西亚、马来西亚、菲律宾和泰国拥有一定的经济基础且近年来经济发展相对较快，环境保护法律法规有待进一步完善。随着环保产业促进政策的相继出台，这四个国家的城市供水、污水处理、固废处理等领域发展迅速，但环保技术、资金等问题依然严峻，总体仍属于环保产业发展中国家。柬埔寨、老挝、缅甸和越南四国环保法律法规严重滞后，随着经济的快速发展，水、大气污染等问题日趋严重，固体废弃物处理还处于起步阶段。受制于资金、技术、管理等因素制约，四国环保基础设施建设严重不足，属于环保产业欠发达国家。

在本次论坛中，来自泰国的代表分享了如何提升本国环保技术、推动环保产业发展的经验和做法。目前，泰国正处于 2004—2020 年绿色增长战略实施阶段。该战略的四大目标是：一是推进可持续生产和消费；二是削减温室气体排放，以应对气候变化；三是自然资源和环境资本的管理；四是鼓励友好型社会的发展。在该战略的指导下，已经形成了预防污染、控制污染、治理污染的环境治理框架。为推动自身环保产业特别是相关技术水平提升，泰国自 2004 年开始在中部地区实施清洁技术项目，并预计未来将在相关工业园区内推广。2013 年，泰国实施了环保管理以及电子废弃物处理的项目。通过引进日本等国的先进技术以及循环的概念，在有关区域推动电子废弃物以及资源领域的循环经济的发展。同年，为进一步推动环境质量的改善，泰国还针对氟利昂等污染物开展了一系列的污染减排工作。此外，泰国还积极从日本引进 MBR 膜技术，并将其列为相关战略规划中重要的一部分。2014 年，通过引入实时监测技术，泰国实现了对场地污染和治理情况的实时监测和评估。

马来西亚代表介绍了本国环境部门推动绿色经济和清洁生产方面的措施和经验。马来西亚经济多以中小企业为主，这些企业多为手工业者。如何提高原材料使用效率，减少电力、水资源等使用量，提高生产工艺水平，提升生产效率，减少污染和相关浪费是目前马来西亚中小企业面临的现实问题。因此，马来西亚自然资源和环境部积极推动绿色产业和清洁生产。如通过回收利用减少蜡染行业中蜡等原材料的消耗；通过安装简单的控制装置减少生产过程中的水资源浪费；通过加强污水管网建设，集中处理污水，提高处理率，减少环境污染；通过安装旁路管道、使用高效率电机、改进生产工艺等方法，提升生产效率以及能源使用效率。目前，马来西亚涉及清洁生产的领域还比较少，主要集中在蜡染、棕榈油深加工等具有一定产业优势的行业中。这些行业环境污染现象较为严重，政府已经对此逐渐重视，并希望通过引入清洁生产机制，减少环境污染。如在蜡染行业，160 个清洁生产方案已经制定并开展了相关评估工作；而在棕榈油深加工行业中，共有 254 个清洁生产方案已经制定，其中 78 个已付诸实施，其他将根据资金逐步推广。

（二）东盟推动环保产业合作概况

为推动各国间的环保产业合作，推进相关技术转移，加强污染防治能力建设，环境友好技术（Environmentally Sound Technology，EST）被作为东盟国家间环境合作的十大优先领域之一。EST 主要在东盟环境高官会下开展合作，主要职能是配合东盟可持续消费和生产论坛推动相关合作。自 2013 年起，印度尼西亚接替马来西亚作为该领域的牵头国开展相关工作。本次论坛，印度尼西亚代表介绍了印度尼西亚在该领域开展的主要工作，主要包括：继续推动东盟 EST 网络、EST 数据银行建设；在东盟各国的国家层面推动 EST 网络建设；更新、完善东盟国家环保技术相关人员联系名录；继续加强与中国的合作。

针对东盟国家在 EST 领域的技术转移、发展与应用合作的现状，印度尼西亚提出了一个名为"5W+1H"概念，即 WHAT、WHY、WHO、WHERE、WHEN 和 HOW。其中，WHAT 代表相关技术怎样满足市场的适用性、实用性等需求，环境保护工作的趋势以及相关变革需求；WHY 代表为什么要使用 EST，不用可不可以；WHO 代表谁来提供这些技术，谁来推动技术发展，谁来促进技术转移；

WHERE 代表从哪去寻找东盟国家需要的技术或者技术提供商，抑或者相关中介机构；WHEN 代表什么时候可以推动该技术的事宜，该环境技术的使用周期是多久；HOW 代表如何利用金融等去支持 EST 实施，开展相关技术转移工作。

根据"5W+1H"概念，印度尼西亚提出未来几年东盟在 EST 领域合作的工作任务，包括：促进 EST 创新；加强能力建设和推动 EST 市场发展；加强 EST 数据银行等技术数据库建设；完善基础的环保技术运用标准；推广优秀的环保技术。印度尼西亚代表表示，中国应该在 EST 合作领域发挥积极作用，通过成立合资公司等方式，共同推动与东盟国家的 EST 应用与合作。

此外，结合东盟区域城市化趋势明显，城市大气、固体废弃物、水等污染加剧的现实，东盟将城市环境管理与治理纳入优先合作领域，并于 2005 年提出了环境可持续型城市倡议。随着清洁空气、清洁水、清洁土地等关键性指标制定并获得通过，环境可持续型城市奖励方案的启动，东盟国家旨在通过城市污染治理推动环保技术交流与产业合作的局面基本形成。目前，东盟国家已有 25 个城市参与了该倡议。

（三）中国与东盟环保产业合作概况

2009 年 10 月，中国与东盟共同通过的《中国—东盟环境保护合作战略2009—2015》将环境无害化技术、环境标志与清洁生产，环境产品和服务合作等涉及环保产业具体合作领域被列入优先合作领域。2010 年，中国—东盟环境保护合作中心（简称东盟中心）成立，并确定为中国与东盟环保合作战略的中方实施机构。2011 年，中国与东盟共同通过《中国—东盟环境合作行动计划 2011—2013》。根据该计划，中国与东盟环保产业合作要建立中国—东盟环境技术交流与合作网络，在环境能力建设、环境产品和服务合作、环境无害化技术、环境标志与清洁生产等领域进行交流与合作，并开展联合研究以及示范项目。

为落实行动计划，在 2011 年中国—东盟环境合作论坛上，中国与东盟就进一步推动中国—东盟环保产业发展与合作达成了共识。2013 年，李克强总理在第十六次中国—东盟领导人会议表示，将提出中国—东盟环保产业合作倡议，建立中国—东盟环保技术和产业合作交流示范基地。2014 年，为落实李克强总理在中国—东盟领导人会议上讲话精神，中方在中国—东盟环保产业合作研讨会期间，发布了由双方共同确认的《中国—东盟环境保护技术与产业合作框架》，同时启动了中国—东盟环保技术与产业合作示范基地（宜兴）的建设。目前，中国与东盟环保产业合作特别是环保技术交流与应用合作已经进入实质性合作阶段。

二、东盟国家环保产业合作需求

（一）传统合作领域需求旺盛，合作模式有所创新

东盟国家经济快速发展的历程与中国相似，通过发达国家的劳动密集型、污染型、资源消耗型的产业转移，为各国提供了大量的就业机会，促进了社会经济的发展。但是，由于资金、技术、人才、制度方面的短板，东盟国家的环保基础设施建设严重落后。空气污染、水体污染、固体废弃物处理等行业发展已严重滞后于环境保护工作的需求。因此，在未来20年内，东盟国家的产业需求主要还是大气、水、固体废弃物污染防治三大领域。但是，产业合作的具体模式已有所改变。

2008年金融危机之前，东盟国家经济快速发展，国家财政情况比较乐观。为快速推动环境治理的改善，满足民众对环境的需求，兑现选举时期的政治承诺，东盟国家对环保基础设施的投入逐年增加，主要环保产业需求主要体现在相关技术转移。金融危机之后，东盟国家经济发展速度减慢，失业人口增多，国家财政状况迅速恶化，民众对现状的不满意甚至导致了部分国家政局不稳定，直接或者间接造成了东盟国家对环保方面的支出减少。此外，随着BOT、PPP等产业合作模式不断被引入，东盟国家环保基础设施建设开始由强调技术转移，向由项目承包商负责项目整体融资、设计、建设、运营等全产业链服务过渡。有迹象表明，未来社会资本将成为参与环保基础设施建设的重要力量。

（二）中国环保产业的发展理念、制度体系已经成为东盟国家主要的学习对象

随着经济的快速发展，东盟国家面临着和中国类似的环境污染、水土流失、植被破坏等问题。限于经济和技术水平，很多东盟国家的环境保护工作一直十分欠缺。随着可持续发展理念不断深入，东盟国家对环境保护的重视程度已经上升到国家长远发展的战略高度，势必有力地带动当地环保市场需求的快速增长。同时，中国环保产业无论在市场规模还是自身产业发展模式、技术，人员素质、资

金支持等方面，相对于东盟大多数国家都具有一定的优势。此外，中国的环境保护与经济协调发展已经成为东盟有关国家学习的对象。因此，无论是产业发展理念、相关法律制度以及符合发展中国家现状的环保技术都成为东盟国家推动环境保护工作、促进产业发展的学习对象。

（三）环境修复行业在东盟国家逐渐重视，中国技术受到关注

2006 年，东盟国家已经开始注意"棕地"的危害。以越南为例，有数据显示，该国 90%的生产性企业将废料直接丢在垃圾场，遗留了大量"棕地"。此外，越战中美军投放的橙剂残留物中的二噁英仍在持续毒害越南。目前，文莱、印度尼西亚、马来西亚、菲律宾、泰国等国虽在相关立法或政策中对土壤污染防治做出了规定，但尚无专门的土壤污染防治法律。

尽管如此，东盟内部相关行业人士还是在积极推动开展环境修复项目。如 20 世纪 30 年代以来的锡矿开采，给马来西亚留下了占地 11.37 万 hm^2 的废矿区，土壤中含有大量铅、镍、锌等有毒重金属，使这些废矿区在地产交易市场上"姥姥不疼舅舅不爱"，无人问津。经过各方努力，目前 11%的废矿区已经开始修复和开发，用于建设居民区、娱乐区、农场、果园和高尔夫球场等。首都吉隆坡市的铁河废矿区，被改造成一个人气很旺的高尔夫球场和娱乐场所。

为缓解土地资源稀缺带来的压力，1999 年，新加坡投资 3.6 亿美元对曾是城市主要废弃物的堆放地和焚烧厂的实马高岛加以改造。焚烧过后的垃圾灰烬被运到这里填埋，上面铺上泥土，然后再种上植物。实马高岛现已成为以生态环境优美而著称的垃圾场。

为进一步提升东盟各国环境修复行业的技术水平，2011 年 7 月，"棕地 2011"国际会议在马来西亚召开。通过此次会议，原位修复法在东南亚国家得到推广。此外，纳米技术也逐步应用于"棕地"的修复中。

2004—2014 年是中国环境修复行业发展起步的十年。自 2009 年，中国实施了一系列土壤修复的重大项目，相关环境修复技术、设备已逐步实现了向工程化和实用化的转化并逐渐成熟。在此次主题论坛中，北京建工环境修复股份有限公司与广西河池市代表通过回顾中国环境修复服务模式发展历程，重点对注重综合环境服务+城市建设运营服务的河池模式进行了解读。此外，湖南博世科华亿环境工程有限公司代表介绍了目前中国普遍使用的三种原位快速修复技术（原位固化

钝化技术、原位淋洗技术、大生物量作物修复）。通过模式和相关技术介绍，展现了中国优秀的环保技术，实现了东盟国家对我国环境修复行业发展的深入了解，为下一步深化合作共识、务实开展合作项目奠定了基础。

三、中国—东盟环保产业合作建议

围绕落实《中国—东盟环境保护技术与产业合作框架》，中国与东盟的产业合作将围绕人员交流培训、中国—东盟环保技术交流和产业合作交流示范基地建设、示范项目建设等内容展开。结合目前开展的工作，以及上文提出的有关东盟国家开展产业合作的需求，现提出有关工作建议如下：

（一）依托中国—东盟博览会，探索中国—东盟环保技术展示平台建设，强化中国环保产业对东盟的示范作用

目前，每年召开的中国—东盟博览会是中国与东盟国家重要的经贸展销合作平台。中国—东盟博览会已经成为中国与东盟企业展示自己、增强联系、洽谈合作项目的重要平台之一。中国—东盟环境合作论坛自2011年召开以来，已经成为中国与东盟开展环境合作的高层对话平台。目前，该论坛已经确定为中国—东盟博览会期间主要活动之一，并固定在广西召开。

因此，建议协调广西东盟博览局，依托中国—东盟博览会，探索中国—东盟环保技术展示平台建设。如每两年举办一次中国—东盟环保产业博览会以及招商推介会、东盟及国内采购对接会、企业家交流沙龙等相关边会，推动中国与东盟政企、企企之间的沟通、交流与合作。此外，在博览会期间召开中国—东盟环保产业合作促进会，通过打造中国与东盟环保产业合作领域的定期会晤机制，确定中国与东盟各国环保技术合作领域，拟定东盟国家环保适用技术清单，建立中国与东盟环保技术示范项目库，推动中国与东盟务实产业合作。

（二）进一步加强针对东盟的环保技术培训，带动中国对东盟产业相关法律、法规、标准输出

近些年来，东盟国家经过实践，对我国符合自身发展现状的环保法律、法规及标准逐渐认可。2011年起，我国环保部实施了中国—东盟绿色使者计划。在该

计划下，150 人次的东盟国家官员参与了培训，全面了解了我国的环保理念、法律体系、制度建设、技术标准。在此次论坛中，依托中国—东盟绿色使者计划开展的相关人员交流培训项目，得到了与会东盟国家代表的高度肯定。目前，柬埔寨、老挝等国家正以中国有关法律为蓝本，不断完善国内有关环境影响评价法律；泰国、马来西亚、印度尼西亚则积极寻求与中国开展环保标准、实用型环保技术等领域的合作。

建议加大针对东盟国家的环境管理能力建设合作项目的支持力度，完善对外人员交流培训体系建设。每年定期举办面向东盟国家的 3～4 期能力建设研讨会，支持开展帮助东盟国家制定相关环保法律、法规的示范项目。鉴于目前东盟国家在土壤修复行业中尚未建立专门的法律、法规，下一步可考虑以支持土壤修复相关法律、标准制定为内容，与泰国、印度尼西亚、马来西亚等国开展合作示范项目，为下一步开展相关技术合作奠定基础。

（三）结合东盟国家需求，落实产业合作网络建设，实现中国与东盟产业信息分享

根据《中国—东盟环境保护技术与产业合作框架》相关内容，2014 年，东盟秘书处表示，建议中方优先考虑东盟国家现有资源，通过加入东盟 EST 网络，实现中国与东盟环保产业网络建设。东盟 EST 领域牵头国印度尼西亚的代表在此次论坛中表示，印度尼西亚目前正积极推动在东盟国家层面的 EST 网络建设，并完善相关技术人员联系目录以及诸如数据银行等数据库建设。希望中国能加强与印度尼西亚在 EST 领域的合作，支持东盟国家环保技术水平的提升。

建议尽快建立中国—东盟环保产业合作官方网络，并实现与东盟 EST 网络对接。在该网络下，支持中国与东盟环保企业加强沟通、交流与合作，鼓励中国环保企业以抱团方式，实现包括技术联合研发、项目融资、项目建设、项目运营、设备生产在内的产业链上下游整体与东盟国家合作。同时，现阶段还应依托东盟 EST 网络技术人员联系目录，选取有影响力人员，定期召开中国—东盟环保产业合作交流会，为中国相关官员和企业介绍东盟国家环保产业发展现状和趋势，商议未来合作项目。此外，应抓住印度尼西亚积极推动东盟 EST 数据银行等数据库建设机遇，通过建设"中国—东盟环保产业信息港（HUB）"，实现中国与东盟产业信息分享。实现东盟 EST 相关数据库开放对中国的接口，帮助中国环保部门及

企业更加准确地把握东盟国家产业需求以及产业趋势。

（四）设立产业合作基金，依托中国—东盟产业合作基地，开展示范项目建设、联合研究等相关务实合作

2014 年 5 月，环保部启动了中国—东盟环保技术和产业合作示范基地（宜兴）。该基地将充分利用了中国宜兴环保科技工业园（简称宜兴环科园）的产业聚集优势以及示范效应，为东盟国家产业发展提供借鉴。此外，依托在该基地内形成的诸如水行业污染治理"一站式"服务等商业合作便利条件，可推动中国与东盟的环保设备贸易。

广西与东盟合作具有天然地理优势，中国—东盟环保技术交流合作基地在广西落地工作已取得积极进展。依托物流、科研以及气候优势，广西基地可成为西南地区针对东盟国家出口的环保装备及产品制造聚集区、环保技术产学研聚集区。

建议在与东盟国家开展各种环境外交工作的同时，将环保产业合作作为交流合作重要领域，通过举办图片展、产业合作边会等方式，重点推介和展示宜兴和广西基地；同时，在与相关国家签署战略合作协议时，将开展符合东盟国家需求的环保技术联合研究和实施环保示范项目纳入其中，通过设立环保技术对外合作专项基金，在宜兴和广西基地开展联合研究，推广中国实用型环保技术。依托宜兴基地内诸如宜兴环保集团等国有环保企业，在东盟国家建立双边环保技术交流中心，通过建设示范项目，推广中国环保技术、标准。

参考文献

[1] 东南亚国家棕地治理, http://green.sina.com.cn/2012-08-21/152025007978.shtml.

[2] 中国—东盟环境合作论坛的环境保护技术研究与应用合作主题论坛会议资料, 2014 年.

中国—亚行知识共享平台及对南南合作的借鉴意义

毛立敏

"中国—亚洲开发银行知识共享平台"能力建设项目是中国与亚行共同实施的区域知识合作项目，不仅深化了双方合作伙伴关系的内涵，而且促进了亚洲发展中国家的经验分享以及相关领域的务实合作，成为中国—南南知识合作中的范例，推动了区域各国的经验分享。该项目在合作模式、培训方式、课程设计以及项目后评估等方面积累了丰富的经验，将此能力建设项目的经验运用到中国—南南环境合作领域，提高区域公众环境意识及能力建设，对促进区域绿色发展有积极作用。

为此，本文对"中国—亚行知识共享平台"项目进行了梳理和介绍，并提出有关建议。

一、"中国—亚行知识共享平台"概况

亚洲开发银行自 1966 年成立以来一直致力于提高亚太地区人民生活水平，减少贫困，促进区域内各国的经济发展。2008 年，亚行公布了《2020 战略：2008 —2020 亚洲开发银行长期战略框架》（简称《2020 战略》），其中明确提出要"规划知识管理方面的内容，更好地调动无形资源以提高亚行区域项目在经验交流与竞争力度方面的效果"。

2009 年，亚洲开发银行与中国财政部联合建立了知识共享平台（Knowledge Sharing Platform，KSP），以就发展中国家所面临的重大问题，促进南南合作；为健康的发展管理和政策制定作出贡献；促进区域的共享式发展。2011 年，该平台当选为亚太地区开展南南知识合作的 5 个成功案例之一，提交釜山的第四届援助有效性高级别论坛予以展示。2012 年，中国政府和亚洲开发银行共同成立了区域

知识共享中心（RKSI）。该中心将重点支持 GMS 经济合作等机制下的政策对话、知识交流和业务培训，为加强发展中国家的机构能力建设服务。

"中国—亚行知识共享平台"项目主要通过举办研讨班、座谈会、报告、出版等多种形式开展培训活动。培训内容包括亚行在过去 45 年中在亚太地区从事相关工作中获得的经验与总结的理论知识，中国在相关方面的做法与其他发展中国家做法的比较、案例分析以及公众意识提高的内容。该项目希望通过中国与发展中国家的参与，提高参与者的决策和管理能力及相关意识，推动中国与其他发展中国家的交流互动，增进这些国家对于中国发展模式的理解，而这些发展中国家参与者则希望获得实际经验，同时通过参与项目加深与中方的直接合作。

自 2009 年以来，"中国—亚行知识共享平台"项目已连续成功举办五届高级研讨会，成为亚洲发展中国家共同交流和探讨发展问题、促进南南知识合作的重要平台。该项目分别以"城市化可持续发展"、"交通基础设施建设"、"农业与农村发展"、"南南知识合作政策与经验"、"完善职业技术教育"等亚太地区共同关注的主题开展研讨，深入地宣传了我国改革开放以来在城市发展、交通建设、农村农业发展等领域所取得的成就，在知识、理念、发展模式等方面深入影响了亚太地区的其他发展中国家，成为南南合作的一个典范。

迄今为止，"中国—亚行知识共享平台"项目的外延已扩展为中方与亚行开展区域知识交流活动的平台，亚行目前正在考虑在此平台上开展一些工作，支持中国环境保护部所属中国—东盟环境保护合作中心在公众环境意识及能力建设方面的区域知识交流合作活动。

二、"中国—亚行知识共享平台"有效推动南南合作

2002 年，在蒙特雷举行的联合国发展融资峰会上，提出了"双边援助机构和多边援助机构增强援助的有效性"这一理念。2005 年，在巴黎举行第二届援助效率高层论坛上，各国签署了《巴黎宣言》，提出"通过提高发展援助的效率和效果，使大型发展援助符合受援国的具体需要"的目标。2008 年，第三届援助效率高层论坛在加纳首都阿克拉举行，各国签署了《阿克拉行动议程》（Accra Agenda for Action，AAA），进一步完善了"发展有效性"的概念。

《阿克拉行动议程》的执行推动了南南合作中的援助效率并解决了平等南南伙

伴关系中建立所有权和相互问责制的关键挑战。在这方面，"中国—亚行知识共享平台"项目的建立为中国与亚行构筑了所有权和问责制的基本框架，发展中国家参与者在这一框架下可以通过分享各自发展经验达到彼此交流学习的目的。"中国—亚行知识共享平台"项目的实施充分满足了《阿克拉行动议程》中提出的援助效率原则，表1列举了"中国—亚行知识共享平台"项目如何应对《阿克拉行动议程》的各项挑战。

表 1　中国—亚行知识共享平台应对《阿克拉行动议程》

《阿克拉行动议程》要求	涉及问题	KSP 应对措施
实行提高援助效率的原则	平行的伙伴关系中所有权关系及相互评估；在南南能力发展合作中的信息和结果管理	所有权及相互评估：KSP 为中国与亚行共同所有，双方均同意由中方起主导作用。平台支持发展中国家参与者通过各种方式积极参与并在必要时主持 KSP 的某些活动
丰富援助的效果	通过相互学习解决诸如气候变化这样发展带来的挑战	解决发展带来的挑战：KSP 系列活动解决了中国和发展中国家参与者在发展中遇到的很多重要问题，包括可持续城市化及交通基础设施
保证南北合作的互补	比较优势基础上的三方合作；推动相互学习并形成知识交流的区域和全球机制	三方合作：通过 KSP 平台中国（曾经的受训者）与亚行（亚太地区主要的援助提供者）在发展中国家参与者的协助下拓宽了项目的参与范围，而这些发展中国家参与者也与中国和亚行分享了他们的发展经验

三、"中国—亚行知识共享平台"项目经验总结

"中国—亚行知识共享平台"项目在推动区域发展中成员共享发展经验，促进本地区经济社会发展方面发挥了独特作用，是中国积极参与区域公共产品建设，促进包容和知识主导型发展的努力体现。总结 KSP 项目的优秀经验，借鉴其合作模式及相关经验，将对今后开展中国—南南环境合作具有积极作用。

（一）项目研讨主题具有针对性，征求多方意见

"中国—亚行知识共享平台"项目已成功举办五次，每次培训主题的选择都经

过专家组讨论并广泛征询相关国家的意见，选取的主题均为参与国共同关心的热点问题，参训代表也来自于各国负责具体业务工作或是对这些问题进行过专门研究，培训中的课程也围绕这些问题设计，因此在培训期间授课专家与参训代表互动频繁，讨论热烈，言之有物，使得培训效果事半功倍。

（二）及时发布项目成果，扩大项目社会影响力

培训结束后将项目成果及相关文件和讨论内容及时发布，能够帮助参训人员进一步巩固通过培训获得的知识及信息，同时征集相关人员的意见和建议，在原有的基础上加以完善，增进各方的深入沟通，帮助参与项目的各发展中国家获得更完整、更全面的信息。同时通过发布项目成果对项目进行宣传，提高项目知名度，扩大项目的社会影响力。

（三）实现优势互补，共同促进区域发展

参与培训项目的国家主要集中在亚洲地区，经济发展水平相近，面临的技术、能源、环境等问题类似。具体来说，中国作为亚洲经济发展的主力，在管理、政策制定等方面积累了一定经验，印度作为新兴国家，科技水平先进，金融市场水平与周边发展中国家相比较为健全，通过 KSP 项目，各国代表就具体问题展开讨论，交流经验，学习借鉴他国行之有效的政策及经验，实现发展中国家知识、信息的优势互补，共同促进区域的发展。

（四）建立工作网络，有效推动国际合作

"中国—亚行知识共享平台"项目参与人员众多，影响范围广，参与者与项目相关方共同组成的工作网络涉及整个亚洲区域，形成的推动力将有效地促进相关领域的国际合作。同时，亚洲开发银行通过这一工作网络收集反馈信息，宣传亚洲开发银行的政策和其他项目，在不同区域更加有效地开展工作。

（五）加强项目后评估，扩大项目的延伸效果

该培训项目结束后，项目主办方组织专家对项目实施过程和实施效果进行了评估分析，并将项目成果汇总进行理论提升，编写了专门的案例分析报告进行发布。加强项目后评估并发布报告：一方面项目相关参与方更深入地掌握项目的具

体情况，提高其理论认识；另一方面扩大了项目效果，为之后更好地组织开展类似活动提供了理论支持和经验借鉴。

四、思考和建议

中国作为发展中国家的一员，本着"平等互利、注重实效、长期合作、共同发展"的原则，积极倡导并支持南南合作。环境合作作为中国—南南合作的重要内容之一，对服务周边外交发挥着积极作用。在环境合作领域，中国加强了对发展中国家相关环境保护能力建设援助。如何有效推动中国与发展中国家的环境合作，工作建议如下：

（一）强化中国—南南环境合作的顶层设计

开展中国—南南环境合作，将有效提升我国在国际社会中的话语权及参与国际规则制定的能力，因此，强化顶层设计，搭建中国—南南环境合作平台尤为重要。依托中国—东盟环境保护合作中心区域环境合作的职能，搭建中国—南南环境合作政策研究平台、产业技术平台、宣传教育及人员交流平台等，以开展中国—南南环境合作相关政策与战略研究，为相关谈判提供技术支持；推动与发展中国家开展环保产业与技术合作，促进相关技术交流与转让；加强环境宣传及人员交流培训，扩大我国在南南环境合作中的影响力。

（二）借鉴中国—亚行知识共享平台，搭建中国—南南环境合作平台

随着南南合作的不断深入开展，各国均积极调动多种资源，拓展合作渠道，因地制宜地探索不同层次、不同形式的合作模式。"中国—亚行知识共享平台"项目作为亚行与中国共同合作的南南合作知识共享能力建设项目，为中国实施其他南南合作项目提供了系统化和结构性参考，将其理念、合作方式、运作模式等经验扩展到中国—南南环境合作的各个层面，将对我国正在开展的环境保护国际合作具有相当借鉴意义。此外，通过实施此类项目，中国在与亚行的合作中从原来的单一受援国转变为平等的合作方，提升了我国在南南合作中所处的地位。

在中国与东盟的环境合作上，"中国—东盟绿色使者计划"已成为中国与东盟公众环境意识与能力建设的旗舰项目，为推动中国与东盟的公众意识提高与区域

可持续发展作出积极贡献。在此基础上，积极借鉴"中国—亚行知识共享平台"项目的后评估制度，加强项目成果汇总和理论提升，将极大地提升绿色使者计划的延伸效果。因此，通过不断借鉴经验和完善绿色使者计划，最终将绿色使者计划打造为中国—南南环境合作的重要平台。

（三）建立南南环境合作联盟，促进区域可持续发展

为落实中国领导人提出的合作倡议，成立了中国—东盟环境保护合作中心，成为了双方推动环保务实合作的重要平台与桥梁。近年来，在东盟秘书处和东盟十国的积极配合下，中国与东盟共同制定了《中国—东盟环保合作战略》和《中国—东盟环境合作行动计划》。目前，以中国—东盟环保合作中心为平台和支撑，双方在环保领域的政策研究、产业与技术以及能力建设方面的合作发展顺利。

在东盟中心及上合中心的基础上，还可以设立中国—非洲合作机制，中国—拉美合作机制，形成广泛的中国—南南环境合作联盟。并且通过不断创新合作模式，扎实推进在环境无害化技术、环境标准与清洁生产的合作，推动生产与消费领域的对话，积极开展环境合作示范项目，加强公众环境意识与能力建设。通过政府、企业和社会等多个层面的交流，不断丰富合作内涵，推动更广泛的南南环境合作，促进区域可持续发展。

（四）实施中国—南南绿色使者计划，加强人员交流

"中国—东盟绿色使者计划"在中国与东盟国家的政府、企业和社会团体多角度进行了交流，促进了公众环境意识的提高，加强了各国在环境管理、企业环境责任、公众参与等方面的对话与合作。该计划的成功实施是中国探索南南环境合作模式的有益尝试。

在"中国—东盟绿色使者计划"的基础上，为进一步加强发展中国家在环境保护领域的合作与创新，中国提出了"中国南南环境合作绿色使者计划"。该计划共分绿色政策、绿色创新、绿色先锋、绿色伙伴等内容，旨在通过多种形式的交流与对话，提高发展中各国的公众环境意识与能力建设，促进区域共同发展；分享发展中国家间环境治理经验，促进环保产业及技术合作；推动政府决策者对话与交流，加强人员交流。

推进中国—东盟水务合作的思考与建议

贾 宁 奚 旺

2012 年 6 月，国务院印发《"十二五"节能环保产业发展规划》，指出我国环境服务业市场化程度不断提高，节能环保产业发展迅速。"十一五"期间，我国城市水务服务设施快速增加，投资主体多元化、运营主体企业化、经营模式多元化的产业格局初步建立，形成了以设备制造业、工程建设业、投资运营业和综合服务业的四种并存水务业态。近年来水务行业虽然取得了快速的发展，同时也面临着国内市场空间饱和、产业龙头缺失、融资工具缺乏等一系列发展瓶颈，开拓国际水务市场、推动水务行业"走出去"成为中国水务行业发展的形势需要。

目前，中国水务行业已具备显著的国际市场优势。一方面，中国积累了快速发展以及经济转型的经验，在新兴市场中相对发达国家具有经验优势；另一方面，中国的建设规范、服务模式、设备标准经历大量的实践考验，已具备相对较强的市场竞争力。此外，开拓国际水务市场是我国环境保护"走出去"的具体实践，将积极推动中国水务服务体系、产品标准以及公共制度体系的国际化，服务国家"走出去"战略的实施。

一、我国水务市场发展现状及发展趋势

经过 20 多年的发展，我国水务行业取得了飞速的进展，已经从设备制造、工程建设、投资运营向以综合服务为核心的产业阶段过渡，在工程设计、技术服务、设备供应、资本运作以及运营服务等方面积累了丰富经验，为我国水务市场"走出去"提供了保障。

第一，政策利好加速水务产业快速转型。在国家经济转型、服务均等化的推

动下，政府在政策上加大了对环保产业向环境服务业的转型与升级的支持力度，水务产业借助国家政策的"东风"快速转型升级。"十一五"期间政府针对水质敏感区域限定了水污染物排放限值，制订"水专项"计划，大力推进水污染环境治理，水务市场在政策的推动下市场规模迅速增大。2012 年，国务院印发《"十二五"全国城镇污水处理及再生利用设施建设规划》，重点提出加大配套管网建设力度，发展污泥处置设施和推动再生水利用，其利好政策为水务市场转型及发展提供了重要指引。2013 年，国家相继颁布了《实行最严格水资源管理制度考核办法》《"十二五"主要污染物总量减排考核办法》《"十二五"主要污染物总量减排统计办法》等文件，监管和行业标准的日趋严格，在释放了更多环保需求的同时，也增加了环境企业的运营成本和难度，推动着水务行业向精细化、专业化方向转型。

第二，激励市场竞争推动水务企业综合化发展。目前，以市政污水为代表的传统环境服务市场，正随着大中城市环境基础设施建设的基本到位而竞争加剧。市政污水大型项目数量、平均规模的日趋下降，使水务企业无法再仅仅局限于有限的传统污水处理市场，不断拓宽服务区域和服务范围成为众多水务企业的市场战略。为规避市场激励竞争的风险，水务企业纷纷将业务范围扩展到供水、污水处理以外，涉及污泥处理处置、再生水利用、土壤修复等领域，将综合化发展作为企业发展的战略之一，成为我国环境产业领域发展的趋势。此外，随着大型水务项目区域饱和，未来我国水务市场将出现设备产能供过于求的现象，我国水务企业国际化发展形势迫在眉睫。

第三，持续市场并购催动水务产业整合速度。目前，水务行业具有企业数量众多、规模化不足、区域分散等特点，标杆性龙头企业尚未形成，最大水务集团的服务市场份额也不过 5%。同时，水务企业两极分化严重，城市污水等传统行业的市场交易、项目掌握在少数优势企业手中，行业渐渐迎来大洗牌时代。近年来，大型水务集团凭借资本优势通过持续并购促进业务扩展，其发展战略从单纯依赖"项目投资"向综合运用"企业并购"和"项目投资"的方向转变，一批无核心竞争力的水务企业将被收购、兼并。经过一系列产业的横、纵向并购整合，水务市场将向拥有资本、品牌、实力的少数企业集团集中，日处理能力达千万吨级别的"产业航母"即将诞生。

第四，"走出去"战略加速中国水务企业的海外扩张。2011 年，商务部联合印发《关于促进战略性新兴产业国际化发展的指导意见》，明确提出要实施包括环保产业在内的战略性新兴产业"走出去"战略。水务行业作为环保产业中发展最早、最为成熟的行业,贯彻国家"走出去"战略,拓展海外业务成为水务行业发展的重大机遇。一方面,国内水务市场将近饱和,市场竞争尤为激烈,迫使国内水务企业调整发展战略参与国际竞争;另一方面,国际水务市场商机巨大,在亚太、拉美、欧洲及北美有着广阔的市场。此外,中国水务行业自身从设计研发到生产制造、工程建设、运营管理及投资并购等方面已经形成了一个完整的产业链,并已培养出了一批具备国际竞争力的龙头企业,具备了"走出去"的条件。

二、东盟国家水务产业发展现状

东盟作为中国水务企业最为关注的热点地区,充分了解东盟各国水务行业发展现状将有利于我国水务企业有效拓展国际市场,推动环境保护"走出去"。基于东盟各国水务产业在政策法规、技术、资金等差异性,可将其分为发达、发展中、欠发达三个层次。

第一个层次是水务产业发达国家,主要是新加坡。新加坡作为缺水国家,建立了完整的法律法规体系,水资源管理成效显著,技术研发投入巨大,资本实力雄厚,被誉为"全球水务中心"。新加坡早在 2002 年就提出"四大水喉"国家长期供水策略,即淡化海水、新生水、国内集水区和外来供水,以缓解水资源危机。目前,新加坡政府正在大力发展水务产业,拨款 5 亿新元进行相关科技研究,并希望在 2015 年成为世界水务中枢。

第二个层次是水务产业发展中国家,包括文莱、印度尼西亚、马来西亚、菲律宾和泰国。这些国家经济发展较快,法律体系已趋于成熟,水务产业具有一定基础,但设备老化、技术不足等问题依然严峻。文莱污水处理基础设施比较陈旧,水资源管理和污水处理投入不足,原有污水处理管网亟需维护和改造。印度尼西亚为推进水资源管理,改善水资源开发和管理的制度框架,实施地区水质管理、灌溉管理的政策、制度及规定。此外,印度尼西亚为弥补供水设施建设资金不足,允许企业在供水领域以特许权合同的形式与国有供水企业合作。马来西亚将水资源利用和保护列为国家发展战略之一,国家财政每年提供大量资金更新农村供水设施、建设污水处理工程,水污染治理领域发展潜力巨大。菲律宾城市供水、污水处理系统严重不足,正在努力提高私人企业在水资源方面投资的积极性。此外,水资源净化、再利用设备制造及污水处理运营服务也是该国重点鼓励投资的领域。泰国目前存在供水系统老化、水质净化资金和技术能力不足等问题，随着城市和工业部门需求回升，污水处理市场正在成为工程咨询服务的青睐领域，预计污水处理市场会有大幅增长。

第三个层次是水务产业欠发达国家，包括越南、柬埔寨、老挝、缅甸。这四个国家水资源管理的法律法规仍未健全，环境监管能力薄弱，已有法律法规不能很好地落实。同时，水资源开发利用程度均不高，城市供水系统严重老化，污水治理设施建设严重滞后，已不能满足人口快速增长和经济发展的需要。目前，柬埔寨、老挝、缅甸正在以特许经营的方式吸引私有资金，帮助政府解决农村供水及城市污水处理设施建设，市场需求潜力巨大。

三、我国水务行业走向东盟面临的问题

近年来，国内一批水务先行者通过海外并购、工程建设等方式积极开展国际合作，为我国水务行业的国际化发展进行了有益的探索和尝试。这些水务企业在"走出去"的过程中取得不俗成绩的同时也面临着几个突出问题。

第一，投资东盟存在政治、外汇等风险。我国与部分东盟国家在南海问题的争议进一步加大区域经济发展的不稳定性，给该区域跨国贸易、投资合作增加了不确定因素。东盟部分国家党派纷争不断，政局不稳也对双边合作带来风险。同时，由于东盟部分国家政治、经济的不稳定，水务企业跨国经营除了市场竞争，货币与汇率的变化也带来较大的外汇风险。此外，文化差异背景下对合作对象缺乏了解，容易遭受因对方违约或缺乏信用带来损失的风险。

第二，跨国水务集团在东盟水务市场竞争激烈。近年来东盟各国经济增长迅速，环保产业处于起步阶段，供水和污水处理市场发展空间巨大。国际水务巨头威立雅、苏伊士等纷纷瞄准东盟水务市场，凭借其雄厚的资本、技术优势，通过并购、合资等方式进驻东盟各国，占据了大量市场份额。此外，新加坡凯发、日本丸红、美国通用、德国西门子等水务集团也将开拓东盟市场作为其国际化发展战略，开始投资市政供水、工业及生活污水处理、海水淡化、中水回用等领域，各水务集团在东盟市场竞争日益激烈。

第三，水务企业传统"走出去"模式有待突破。目前，我国水务企业与东盟

国家的合作多以工程配套为主，工程承包商和设备厂商跟随大型基础设施建设进驻目标国，主要输出工业污水处理设备、监测仪器等，合作模式主要为企业主导型及松散型合作模式。同时，国家缺乏水务企业"走出去"的配套政策，行业企业之间没有形成合力，基本靠单打独斗，各自为政，导致国际化进程中困难重重。此外，东盟国家水务市场需求主要在供水及城市污水处理上，亟须开展 BOT、EPC、合资公司等类似于政府主导型、联盟型的合作模式，以解决城市污水处理设施建设的资金、技术、人才等方面的难题。因此，如何在东盟国家开展大型污水处理的工程建设及运营服务为主导的合作模式，是实现我国水务企业"走出去"的重大挑战。

第四，公共服务平台缺失，信息渠道不畅。我国水务企业在"走出去"的过程中，缺乏顺畅的渠道快速了解目标国的政策资源，在项目投资前，需要对目标国的政策标准、产业状况、投资环境、法律法规等信息进行长时间收集分析，使得企业在参与国际竞争时往往错失商机。同时，由于企业不熟悉海外市场运作规律，不熟悉目标国行业技术标准，国内项目管理经验难以适应国外项目要求等原因，项目运作过程风险往往超出预期，造成整体项目亏损或很难盈利。此外，企业缺少掌握东盟国家工程招标信息的渠道，往往靠企业自身的关系来寻求商机，严重影响了水务企业进军东盟市场的机会。

四、中国水务市场"走向"东盟的政策建议

我国水务企业经过 20 年快速发展，在技术咨询、工程建设、运营服务等领域积累了丰富的实践经验，形成了一套完整的产业链条，已具备开拓国际市场的实力。同时，东盟国家将环境保护提升到国家发展的战略高度，相关水污染防治规划的实施将有力带动水务市场的需求。因此，为推动中国—东盟水务合作，服务环境保护"走出去"，提出以下政策建议：

（一）识别东盟国家水务市场需求，推动开展企业间项目合作

目前，东盟各国水务产业发展阶段分为不同层次，各国对水务产业的产品、技术以及标准的需求也有所不同，开展中国与东盟国家水务产业的合作，首先要对目标国的市场需求进行识别。因此，建议开展中国—东盟水务领域的产业研讨

会，邀请东盟国家主管投资、水务的政府官员和专家、企业家等人来华，就加强双方水务技术和合作进行专项研讨，帮助我国企业识别目标国水务市场需求，推介我国环保产品、技术和解决方案等。同时，建议组织国内环保企业赴柬埔寨、印度尼西亚等东盟典型国家进行市场考察，帮助企业了解目标国投资政策、市场需求，推动开展企业间的项目合作。

（二）政府护航，以援外资金为桥梁，促进"模式输出"

综观发达国家环保产业的向外输出，政府无不在政策、资金、影响力等方面发挥着巨大的支持作用。建议借鉴发达国家在中国水务市场及其他国际市场的援助经验，改变我国对外援助模式，设计更加合理的援助结构。通过在援外项目中增加软性要求，在项目实施过程中开展环境政策性研究，为援助项目设计工程建设模式、商业模式、技术标准和服务标准等，以此将中国的管理模式及运营思路渗透到援外项目中。此种方式不仅能够有效降低国内水务企业拓展国际市场面临的困难和风险，也将在更大程度上输出中国先进的环境理念、环境标准以及项目投资、建设、运营经验等，既能提升国家形象，又能拓展东盟市场。

（三）搭建中国—东盟水务公共服务平台，建立信息交流渠道

鉴于在开拓东盟市场中存在的不熟悉目标国政策标准、投资环境、法律法规以及工程招标等信息缺乏等实际问题，建议由国家支持形成多种形式、多种渠道的环保产业国际合作立体网络平台。建立并对接国内—国际水务产业信息交流网络，广泛收集国际水务产业政策、法律法规、市场动态等信息，降低国内企业获取国际信息的难度。同时，形成各国政府、企业了解中国水务政策、市场、企业、产品、技术的窗口，促进我国水务市场信息向外流通，让国际社会了解中国、信任中国。此外，打造水务示范项目展示平台，以国际培训、论坛、展览等不同形式推广优秀水务项目案例，使之成为中国水务产业的"国际名片"。

（四）打造符合国际规范的标准体系，输出我国水务产业理念

目前，中国水务市场上产品和服务涉及领域广、种类多，但国内产品标准体系仍未完善，与国际标准有所差异。建议在现有水务产品和服务标准体系的基础上，健全重点领域的设备制造标准、工程建设标准及相关的服务标准等，并与国

际标准体系接轨，从而增强国际社会对中国水务企业、技术标准的了解和信任。同时，建议开展对东盟国家的专业技术培训，输出我国现有的水务产品标准、技术标准等，培训一批了解中国水务标准、符合我国环保理念的"亲华派"。此外，开展与东盟国家的环境产品互认协议的谈判，打破环境产品的国际贸易壁垒，为水务企业开展国际贸易打造有利条件。

（五）推动建立水务产业联盟，加强国际竞争

水务企业要走向国际，除了自身要具备"出得去"的实力，还要相互配合协作，形成走出去的"生态族群"，大家"抱团取暖"，才能"站得稳"并且"站得持久"。建议推动成立水务行业间的联盟，通过汇集整个水务产业链上的公司，包括设计研发、工程建设、运营服务等企业，组成紧密的联合体，进行优势互补，参与激烈的国际竞争。此外，水务企业还要汇集与"走出去"相配套的行业协会、金融机构、国际律所等机构，以及获得目标国政府及合作伙伴的支持，以保障顺利推进投资项目和商务谈判的高效。

参考文献

[1] 贾宁，周国梅，丁士能，等. 中国—东盟环保产业合作——政策环境与市场实践[M]. 中国环境科学出版社，2013.

[2] 丁士能，周国梅. 环保产业国际化发展的思考[N]. 中国环境报，2014-02-11（2）.

[3] 付涛. 中国的水务市场[J]. 世界环境，2011（02）：28-29.

探索建立境外环保技术与产业合作基地

郭 凯　段飞舟

《推动共建"一带一路"的愿景与行动》中指出，要"以重点经贸产业园区为合作平台，共同打造新亚欧大陆桥、中蒙俄、中国—中亚—西亚、中国—中南半岛等国际经济合作走廊"和"探索投资合作新模式，鼓励合作建设境外经贸合作区、跨境经济合作区等各类产业园区，促进产业集群发展"。

目前我国已在 50 个国家建设了 118 个境外经贸合作区，其中，77 个境外经贸合作区处在"一带一路"沿线国家。其中位于"丝绸之路经济带"上的 35 个境外经贸合作区，分别位于哈萨克斯坦、吉尔吉斯斯坦、俄罗斯、白俄罗斯等沿线国家，位于"21 世纪海上丝绸之路"上的 42 个境外经贸合作区则遍布老挝、缅甸、柬埔寨、越南、泰国等沿线国家[①]。因此，境外经贸合作区成为"一带一路"战略重要承接点已初现端倪。

环保技术与产业示范交流基地同境外经贸合作区的有机结合，是高水平推进对外投资的重要手段，是促进区域环保国际合作深入发展的创新路径。因此，借助境外经贸合作区的良好基础，精心谋划并统筹安排环保技术与产业示范交流基地"走出去"，将能进一步提升我国境外经贸合作区建设能力和水平，以支撑"一带一路"等重大战略。

---

① 《国际商报》，2015 年 1 月 7 日第 A01 版。

一、境外经贸合作区发展历程及特点

（一）境外经贸合作区发展历程

我国的境外经贸合作区是由商务部牵头，于 2006 年开始与部分政治稳定且同我国外交关系较好的国家政府达成一致，以国内审批通过的企业为建设经营主体，在国外建设的基础设施较为完善、产业链较为完整、带动和辐射能力强、影响大的各类经济贸易合作区域。

20 世纪 90 年代末期，我国民营企业就开始以境外开发区的方式探索中国企业在海外的生存和发展之路。最初，中国企业在境外建设只供本企业使用的生产和贸易基地。随后，企业在境外建造的园区向制造、物流、贸易多功能、综合性园区发展，所建造园区也不再局限于仅为本企业提供服务，而是成规模地吸引从事制造、贸易的二级开发商进驻入园。

其后，我国政府对设立境外经贸合作区的认识不断深化。国家在境外经济贸易合作区建设的力度也逐步加大，目标是鼓励企业采取这种方式应对日益扩大的贸易摩擦，以推动我国的外贸实现转型。

目前我国已在 50 个国家先后建设了 118 个境外经贸合作区，其中，77 个境外经贸合作区处在"一带一路"沿线国家；35 个境外经贸合作区处在"丝绸之路经济带"沿线国家；42 个境外经贸合作区处在"21 世纪海上丝绸之路"沿线国家。

（二）境外经贸合作区主要特点

境外经贸合作区主要分为加工制造型、资源利用型、农业加工型以及商贸物流型四类园区，总投资金额接近 100 亿美元。目前已经入区的中国企业达到 2 790 多个，入区企业投资额达 120 多亿美元，累计产生 480 多亿美元的产值，为当地上缴税款 13.5 亿美元，雇用所在国员工超过 23 万人[①]。

---

① 商务部对外投资和经济合作司副司长方蔚在 2015 年初接受媒体采访内容。

表1 我国首批 19 个境外经贸合作区简介

序号	名称	投资企业	产业定位
1	赞比亚中国经贸合作区	中国有色矿业集团有限公司	主区以有色金属、型材加工、仓储、物流为主导产业，分区以商贸服务、现代物流、加工制造、房地产开发、配套服务为主导产业
2	泰国罗勇工业园	中国华立集团	汽配、机械、家电等
3	巴基斯坦海尔—鲁巴经济区	海尔集团	家电、汽车、纺织、建材、化工
4	柬埔寨西哈努克港经济特区	江苏太湖柬埔寨国际经济合作区投资有限公司	轻纺服装、机械电子、高新技术、物流等配套服务业
5	尼日利亚广东经济贸易合作区	广东新广国际集团公司	家具、建材、陶瓷、五金、医药、电子
6	毛里求斯经济贸易合作区	山西晋非投资有限公司	信息商务服务、物流贸易、生产加工、社区服务及配套生活服务
7	俄罗斯圣彼得堡波罗的海经济贸易合作区	上海实业集团	房地产开发为主
8	俄罗斯乌苏里斯克经济贸易合作区	康吉国际投资有限公司	轻工业、木材加工业和家电业
9	委内瑞拉中国科技工贸区	山东浪潮集团	电子、家电和农机等产业
10	中国—尼日利亚莱基自由贸易区	中非莱基投资有限公司	商贸物流、机械制造、房地产开发
11	越南中国（深圳—海防）经贸合作区	深越联合投资有限公司	纺织轻工、机械电子，医药生物
12	越南龙江工业园	浙江省前江投资管理公司	轻工、电子、建材、化工、服装等
13	墨西哥中国（宁波）吉利工业经济贸易合作区	浙江吉利美日汽车有限公司	以吉利美日汽车公司投资为主
14	埃塞俄比亚东方工业园	江苏永元投资有限公司	冶金、建材、机械、纺织轻工、机械电子、建材化工等
15	埃及苏伊士经贸合作区	中非泰达投资股份有限公司	石油装备、纺织服装、运输工具、机械电子和新型材料
16	阿尔及利亚中国江铃经贸合作区	中鼎国际、江铃汽车集团	汽车、建筑材料及其相关产业
17	韩中工业园	重庆东泰华安国际投资有限公司	汽车、摩托车、船舶零部件以及生物技术、物流及批发业等

序号	名称	投资企业	产业定位
18	中国—印度尼西亚经贸合作区	广西农垦集团有限责任公司	家用电器、精细化工、生物制药、农产品精深加工、机械制造及新材料相关产业
19	中俄托木斯克木材工贸合作区	中航林业有限公司	林地抚育采伐业、木材加工业、商贸物流业

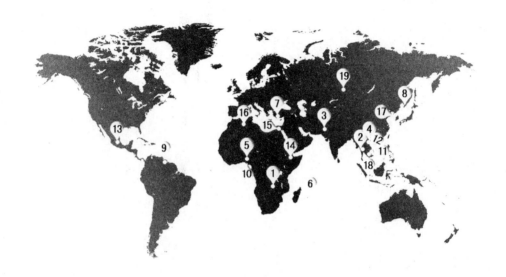

图1 我国首批 19 个境外经贸合作区分布

从图 1 与表 1 的分析可以看出,我国境外经贸合作区具有以下 4 个主要特点。

1. 投资区域主要分布在发展中国家

19 家境外经济贸易合作区大多分布在东南亚、非洲、南美以及东欧等发展中国家:与我国有地缘关系的国家(地区)有 10 个,其中东南亚国家 6 个,俄罗斯 3 个,韩国 1 个;分布在非洲地区 7 个,其中尼日利亚 2 个,赞比亚 1 个,埃塞俄比亚 1 个,埃及 1 个,阿尔及利亚 1 个,毛里求斯 1 个;分布在南美地区有 2 个,墨西哥和委内瑞拉各有 1 个。

这个分布情况体现出两个特点:一是与我国有地缘关系、劳动力成本较低的国家(地区),如俄罗斯、巴基斯坦、泰国、柬埔寨;二是与我国有着良好的政治经贸关系、资源丰富的国家（地区），如毛里求斯、赞比亚、尼日利亚。我国与这些国家有着深厚的友谊，中国企业在这些地方投资可以避免海外投资的政治风险。而且利用当地的劳动力和自然资源，可以继续保持中国产品的价格优势。同时，这些国家也欢迎来自中国的投资。

目前我国的境外经贸合作区尚未进入经济水平较高、科技水平较高的西欧、北美等发达地区。从部分境外经济贸易合作区的选址来看，开始向距离较远的、政治贸易关系日益升温的较发达国家（地区），如南美的墨西哥、委内瑞拉延伸。

2．产业选择各有侧重

首批 19 个境外经贸合作区的产业主要集中在相对于发展中国家具有比较优势的纺织、家电、机电、微电子等产业，另外也有资源开发和科技研发等产业。总体来看，入驻境外经济贸易合作区企业的投资项目较多结合入驻企业类型和所在国家和地区的国情和资源条件，因此不同地区的境外经济贸易合作区的产业分布兼具东道国和我国产业发展的特色。例如，分布在俄罗斯乌苏里斯克市的康吉经济贸易合作区，吸引了以温州民营企业为主的国内企业入驻，所涉及的投资项目以鞋类、服装、家具、皮革、木业、建材等为主。

3．牵头企业主要是经济强省的大中型企业

境外经贸合作区要求牵头企业与东道国政府进行谈判，签订具体的合作协议来获得优惠政策。因此，对建设企业的谈判能力、综合实力均有极高要求，企业必须同东道国政府有着较好的交流渠道和关系网络，以规避投资所面临的政治风险、经营风险和政策风险。因此，在首批建设境外经贸合作区的企业大多来自于我国经济基础好、对外投资程度高、国际化水平较好的经济强省的大中型企业。

从建设的企业来源地看，浙江占有 4 家，江苏、山东各拥有 3 家，另外 9 家分别来自北京、天津、广东等省（市、区）。从投资企业的类型看，主导企业大多是国内经济实力较强，并具有一定国际经营经验的大中型企业。这些企业集团在当地省市地区政府的支持和引导下，依托自身资金实力，现代化管理手段与相对完备的服务功能，率先"走出去"开展境外经贸合作区的建设工作。

4．建设规模大小不一

从表 2 可以看出，在合作区的规划面积上，最少不低于 1 km²。巴基斯坦海尔鲁巴经济区的规划面积只有 1.03 km²，而尼日利亚莱基自由贸易区的规划面积最大达到了 165 km²。投资规模方面，大多在 1 亿美元以上，中俄托木斯克木材工贸合作区的资金投入达到了 100 亿元人民币。

表 2　首批 19 个境外经贸合作区投资建设规模情况[①]

序号	名称	投资规模	占地面积
1	赞比亚中国经贸合作区	实际完成投资超过 12 亿美元	一期规划面积 11.58 km²，已开发面积 5.26 km²，中心配套区已建成厂房、办公区等设施近 2 万 m²
2	泰国罗勇工业园	—	总体规划面积 12 km²，包括一般工业区、保税区、物流仓储区和商业生活区
3	巴基斯坦海尔—鲁巴经济区	总投资约 2.5 亿美元	规划面积 1.03 km²，分三期建设，建设期 5 年
4	柬埔寨西哈努克港经济特区	—	总体规划面积 11.13 km²，首期开发面积 5.28 km²
5	尼日利亚广东经济贸易合作区	计划投资 25 亿元人民币	首期规划 20 km²，起步区 2.5 km²
6	毛里求斯经济贸易合作区	—	规划面积 2.11 km²
7	俄罗斯圣彼得堡波罗的海经济贸易合作区	—	项目规划用地 205 hm²，总建筑有效面积 176.5 万 m²，其中住宅 107.3 万 m²
8	俄罗斯乌苏里斯克经济贸易合作区	规划总投资 20 亿元人民币，其中，基础设施及配套设施投资 7 亿元人民币。截至 2014 年 5 月底，实际投资 1.66 亿美元	规划面积 2.28 km²
9	委内瑞拉中国科技工贸区	计划投资 1 亿美元	规划面积 5 km²
10	中国—尼日利亚莱基自由贸易区	一期计划投资 7.9 亿美元，实际投资 1.26 亿美元	总体规划面积 30 km²

① 表内有关数据资料来自境外经贸合作区官方网站及商务部境外经济贸易合作区专题网站。

序号	名称	投资规模	占地面积
11	越南中国（深圳—海防）经贸合作区	计划基础设施投资 2 亿美元	总规划用地面积 800 万 m²
12	越南龙江工业园	总投资 1.05 亿美元	占地 600 hm²，其中包括工业区 540 hm² 和住宅服务区 60 hm²
13	墨西哥中国（宁波）吉利工业经济贸易合作区①	投资额为 25 亿元人民币	规划面积 5 km²
14	埃塞俄比亚东方工业园	—	规划面积 5 km²
15	埃及苏伊士经贸合作区	截至 2013 年年底，累计投资 9 342 万美元	规划面积 10 km²
16	阿尔及利亚中国江铃经贸合作区	—	—
17	韩中工业园	计划投资 3.6 亿美元	规划面积 3.96 km²
18	中国—印度尼西亚经贸合作区	总投资额 6.5 亿元人民币	规划面积 2 km²
19	中俄托木斯克木材工贸合作区	计划一期投资 5.3 亿美元，实际已投资 1.77 亿美元	规划面积 6.95 km²

5. 园区建设形式多样

境外经济贸易合作区模式主要有以下几种：工业园区、出口加工区、科技园区、境外资源开发合作园区、自由贸易区。阿尔及利亚中国江铃经济贸易合作区就是为实现既定的工业发展目标而创立的工业园区；俄罗斯乌苏里斯克经济贸易合作区是在港口、机场附近等交通便利的地区划出的一个由东道国海关监管的特殊封闭区域，在区域内建立必要的基本设施，实施特殊的加工贸易管理政策，以吸引中国资本和企业进入发展的出口加工工业；韩中国际工业园区是由专业人员进行管理的组织机构，旨在通过鼓励相关的企业和科技机构通过文化创新及提高竞争力从而创造社会财富的科技园区；赞比亚中国经济贸易合作区是由政府或企业在东道国建立的，集资源开发、加工于一体的境外资源开发合作园区；尼日利亚莱基自贸区规划发展成非洲地区最现代的经济平台，集制造、生产、销售、进出口贸易、旅游休闲于一体的自由贸易区。

---

① 后因墨西哥园区土地无法落实而夭折。

二、境外经贸合作区是我国环保技术与产业"走出去"的创新载体

(一)为环保企业"走出去"提供相对完备的保障支撑

资金方面,在财政部与商务部发布《关于 2015 年度外经贸发展专项资金申报工作的通知》中,明确提出"支持境外经济贸易合作区建设。对符合商务部、财政部关于境外经济贸易合作区确认考核和年度考核管理办法的规定,通过商务部、财政部确认考核或年度考核的境外经济贸易合作区建设予以支持"。国家将对合作区的中方开发商前期投资额的 30%给予财政补贴,每个园区补贴额最高为 2 亿元[1]。相关金融机构对符合国家政策规定和贷款条件的建区和入区企业,积极提供必要的授信支持和配套金融服务。

政治保障方面,商务部等有关部门通过双边途径,就合作区的土地政策、税收政策、劳工政策、基础设施配套以及贸易投资便利化措施等加强与驻在国政府的磋商,为合作区建设提供支持。这为我国环保企业进行对外直接投资提供了重要的政治保障,能够更好地抵御和排除部分风险,增强企业境外投资成功的概率。

政策方面,商务部出台了一系列的对外投资配套政策来推动和规范对外投资活动。对投资到合作区的设备、原材料和散件,按政府统一规定的退税率和其他规定办理出口退(免)税,落实和完善关于企业境外所得的所得税政策。合作区建设所需施工器械(含配件)、工作人员自用的办公生活物资,以及其他从国内运出返回的物资免于检验。对运往合作区的原材料、全新机器设备、施工材料(包括安装设备)优先安排实施检验检疫。提供进出境通关便利。

综合服务方面,简化项目审批和外汇审查手续,合作区相关业务人员出国手续一年内一次审批多次有效。提供对相关人员的培训服务包括合作区建设的有关知识、我国对外投资合作的方针政策、驻在国法律制度、风俗习惯、企业社会责任等内容。

保险方面,针对合作区建设特点,研究增加保险品种,为建区和入区企业提

---

[1] 将境外经贸合作区建成产业"走出去"的有效平台,《中国财经报》2015 年 7 月 2 日第 006 版。

供国别风险分析咨询、投资保险、出口信用保险和担保等一揽子保险服务。

（二）境外经贸合作区为我国环保企业对外投资提供完善的前期软硬件服务

企业在对外直接投资的初期最难适应的就是东道国的文化和法规。境外经贸合作区的建设为我国企业对外投资提供完善的前期软硬件服务。借助合作区的入园服务，可以帮助企业更快、更好地适应当地投资环境。经贸合作区为国内企业提供了一个体验国际市场环境，培养国际经营经验的机会，同时国外广阔的市场也为企业提升竞争力，扩大规模提供了机遇。

以泰中罗勇工业园为例，园区可为企业向泰国投资促进委员会（BOI）进行投资政策的咨询以及申请投资办厂的优惠政策，提供在泰企业注册登记的相关咨询以及办理具体手续；在入园企业建造厂房时，园区可协助客户安排设计、施工招投标、申请厂房建筑许可证、厂房验收执照及开工许可证等；向企业提供招工咨询、员工培训、办理劳工证等系列综合服务等人力资源方面的服务；向企业提供标准厂房、写字楼、仓库、展示厅、堆场等设施的租赁服务；向企业提供员工宿舍、高级公寓、中式餐饮等生活配套设施服务；向企业提供临时办公场所、对外投资保险，经贸会展，企业对接等商务服务；向企业提供报关、报税、财务、法律政策咨询等服务。

（三）有利于企业降低生产成本，提高投资成功率

近年来，随着我国市场化进程的推进和改革的不断深入，土地、劳动力、原材料、水电煤等要素价格持续上涨，企业的生产经营成本增加。此外，人民币升值，造成以美元结算的出口贸易收益减少，出口企业的利润空间变小。受到来自国内要素价格上升和人民币升值的双重压力，我国出口的环保设备产品成本优势被削弱。

依托境外经贸合作区，建立境外环保技术与产业示范交流基地，可以进一步推动我国环保企业"走出去"，在劳动力等要素价格相对较低的其他发展中国家进行投资，利用东道国人工成本、土地成本等较低的区位优势，降低生产成本，缓解国内生产经营成本压力，提高产品国际竞争力。我国投资建设经贸合作区的国家，大部分为劳动力成本低于我国的发展中国家。如柬埔寨 2014 年 2 月实施的工

人最低月工资标准是 100 美元（含 5 美元健康补助），劳动力成本远远低于我国平均水平。[①]

此外境外经济贸易合作区的特殊性质，在该区域投资的企业可以享受到我国和东道国在金融、保险、出入境、税收等方面的双边优惠政策和良好的商务环境以及多方面保障，降低投资风险和生产经营成本，提高境外投资的成功率。

（四）境外经贸合作区所在发展中国家环保基础设施需求，为我国环保企业提供市场机遇

从境外经贸合作区的分布来看，较多集中在不发达地区和发展中国家，这些国家地区基础设施相对落后，产业配套支持不足，成为其经济发展和吸收外资的制约因素，同时也成为扩大开放、促进发展的潜力所在。以柬埔寨西哈努克港经济特区为例，总体规划面积 11.13 km^2，首期开发面积 5.28 km^2，5 km^2 区域内已基本实现"五通一平"[②]。特区公司自建了水厂、电厂、污水处理厂，在以西港市政供给为主的同时，随时应对突发停水、断电事件。园区内管网和污水处理设施均是由特区公司投资建设，2014 年年末从该园区柬埔寨招商服务部了解到，区内污水处理厂项目便是面向国内进行的项目招标。

三、对策建议

（一）结合境外经贸合作区环保需求，建设环保示范工程

我国环保企业在环保工程施工等领域与发达国家相比有成本优势，脱硫脱硝除尘的大气处理设备、工程，以及污水管网领域也已经达到了相应的技术水平。境外经贸合作区在环保基础设施和能力建设的需求，成为我国环保技术与产业"走出去"的重要机遇。

建议加强与商务部对外投资和经济合作司、境外经贸合作区建设企业的交流，深入研究境外经贸合作区环保需求。结合境外经贸合作区环保需求，依托国内环保技术与产业示范交流基地，以市场化形式建设境外环保示范工程，提升中国环

① 《2015 对外投资国别（地区）指南》，商务部国际贸易经济合作研究院。
② 通路、通电、通水、通信、排污、平地。

保企业的知名度，推动中国环保企业"走出去"。

（二）强化境外经贸合作区环保能力建设

《对外投资合作环境保护指南》第十条中明确提到"企业应当按照东道国环境保护法律法规和标准的要求，建设和运行污染防治设施，开展污染防治工作，废气、废水、固体废物或其他污染物的排放应当符合东道国污染物排放标准规定"。境外经贸合作区已成为我国企业，特别是中小企业集群式"走出去"的重要依托和平台。加强境外经贸合作区环境保护方面的能力建设，有利于帮助企业提高跨国经营能力，加快融合进程，实现自身长远发展，促进对外投资合作可持续发展。

建议借助绿色使者计划，组织境外经贸合作区相关企业开展对外投资环境保护方面的能力建设活动。通过邀请东道国环保部门的相关官员，对境外经贸合作区的相关负责人围绕企业社会责任、环保法律标准等进行培训与交流。进一步强化境外经贸合作区建设企业的环境保护意识，进而提升我国企业在对外投资活动中的正面形象。

（三）加强与地方政府合作，构建环保技术与产业"走出去"合作伙伴网络和服务保障体系

结合部分地方政府的产业优势和对外投资合作基础，多渠道搭建环保企业与"走出去"企业的合作交流平台。建议以环保技术与产业示范基地为引领，组织基地内环保企业与境外经贸合作区环保需求与投资环境进行对接，联合商务部及相关投资促进机构在环保技术与产业示范基地举办国别投资推介会，帮助环保企业了解境外投资贸易政策。通过各类交流合作活动，逐步构建境外经贸合作区企业与国内环保企业的合作伙伴网络。借助地方政府在对外投资中的服务保障体系，特别是已开展建设境外经贸合作区和具有区位优势的部分省市地区，形成多地合力面向境外不同区域的综合服务保障体系。

（四）以境外经贸合作区为平台，推动建设"一带一路"境外环保技术与产业示范交流基地

紧抓"一带一路"建设的发展机遇，充分发挥境外经贸合作区在该区域的有

利条件、先行基础与环保技术与产业示范交流基地产业集聚、配套协同强的优势，积极推动有实力和意愿的环保企业有序到境外经贸合作区进行投资。

建议重点开展针对境外经贸合作区所处的"一带一路"沿线国家的环境保护法规与制度标准的研究工作，通过我国与"一带一路"沿线国家之间已有的环境保护区域国际合作机制，如中国—东盟、上海合作组织、中阿、中日韩、大湄公河次区域等合作机制，推广我国经验，帮助其进一步完善标准，为我国环保产业进入其市场占得先机。依托环保技术转移与产业合作示范基地，筛选一批适用型技术，集聚一批有竞争力的环保企业，推动我国实用型环保技术和产品在发展中国家的境外经贸合作区推广。逐步将境外经贸合作区打造成为"一带一路"境外环保技术与产业示范交流基地。

绿色使者计划对提高东盟环境意识与能力建设的思考及若干建议

奚旺 贾宁

建设资源节约型、环境友好型社会是中国与东盟国家的共同目标，保护环境、减少环境污染、遏制生态恶化，并就此加强合作，符合中国与东盟国家的共同利益。中国与东盟各国面对环境污染和全球气候变化的严峻挑战，如何有效地提高公众环境意识，转变公众行为，发挥公众在环境保护中的作用，显得尤为重要。因此，营造政府引导、企业参加和公众自愿行动的社会氛围是中国与东盟各国在提高环境意识领域面对的共同任务。

2007 年 9 月 6 日，经东盟环境部长会议同意制订《东盟环境教育行动计划2008—2012》，作为东盟各国执行和开发环境教育共同的框架性文件，为区域内可持续发展环境管理的公众环境意识提高与能力建设确定了框架内容。2009 年，第十四届东盟峰会上签署通过的《东盟社会文化共同体蓝图 2009—2015》中，东盟成员国及东盟对话伙伴对 2002 年环境合作十项优先领域进行了合并与调整，将环境教育和公众参与列为新的十大优先领域之一。

2010 年 10 月在第十三届中国—东盟领导人会议上，时任国务院总理温家宝提出开展"中国—东盟绿色使者计划"的倡议，以推动中国和东盟在公众环境意识与加强能力建设方面的合作。2011 年中国东盟共同通过的《中国—东盟环境保护合作行动计划 2011—2013》中将绿色使者计划确立为中国与东盟国家在公众环境意识与能力建设合作方面的长期旗舰项目。绿色使者计划面向政府决策者、青年、企业家等代表，设计实施了三个板块的活动，分别为绿色创新、绿色先锋和绿色企业家，自 2011 年 10 月正式启动以来，开展多次活动，超过 100 位东盟国家代表来华参加交流，活动参与中外代表超过 300 人，富有成效地推动了中国与东盟区域环境意识与能力建设领域的合作。

本文介绍了东盟各国环境意识与能力建设的基本情况和发展现状、我国与东盟在环境意识与能力建设方面的合作现状以及绿色使者计划的执行情况，分析了未来我国与东盟各国环境意识与能力建设合作所面临的问题，并就如何发挥绿色使者计划的引领作用，促进区域环境意识提高与能力建设合作的可持续发展提出以下政策建议：（1）做好顶层设计，推动南南环境合作，发挥绿色使者计划的引领作用；（2）推动以青年为主体的交流活动；（3）建立国内协调机制；（4）建立区域环境意识与能力建设交流合作平台；（5）加强与企业、非政府组织和国际组织的合作。

一、东盟环境意识与能力建设基本情况

东盟国家从 1975 年在贝尔格莱德举办的第一次关于环境教育的国际会议以来，已经发展了环境意识与能力建设方面的行动方案。1981 年马尼拉关于东盟环境声明中，提出了许多鼓励成员国的环境方针，促进了环境教育事业的发展。1984年曼谷关于东盟环境的声明中，东盟部长再次采纳了关于环境问题的政策方针，提出继续努力在环境保护的重要性方面提高公众环境意识，加强环境教育和培训。

2007 年 9 月 6 日泰国曼谷第十次环境部长非正式会议上正式通过制订《东盟环境教育行动计划 2008—2012》，作为《行动计划 2000—2005》的进一步扩展和深化，为东盟地区环境意识与能力建设发展方案与区域性合作提供了组织框架，推动了公众环境意识的提高，并计划在 2013 年制订《东盟环境教育行动计划2013 —2017》。

《东盟环境教育行动计划 2008—2012》的宗旨为建立一个清洁绿色的东盟，即人们拥有丰富的文化传统、较强的公众环境意识与道德观念、愿意并能够通过参与环境教育与公共活动确保地区可持续发展。东盟成员国环境教育的热点在于如何促进青年、政府官员以及其他公民对地方、国家环境问题有更深刻的认识，目前重点关注以下四个目标区域。

（一）正规教育

即学校正规教育中学校正规课程和辅导学科课程中的环境意识提高，目标为

在东盟各国建立各层次的正规教育，加强环境教育的可持续性研究。战略举措包括评估基本环境教育课程、教师在职或岗前环境教育培训、环境教育的质量保证体系和环境教育的可持续研究四个方面。

（二）非正规教育（社会教育）

即社会环境意识提高中大众传媒的宣传与引导，目标为整合东盟各国文化、传统、当代知识来处理当地、区域和国际环境问题，提升非正规部门的管理。战略举措包括促进绿色学校的实践、开发环境教育的课程与资源、建立环境教育的可持续发展城市、可持续的商业支撑和加强东盟环境周宣传五个方面。

（三）人力资源能力建设

该领域的活动的目标为在东盟各国建立环境意识、环境教育和可持续发展的人力资源库。战略举措包括建立环境教育的基线、提供环境教育和可持续发展培训、提供环境教育领导能力培训和建立环境教育奖励制度四个方面。

（四）网络化、协作与沟通

即在地方、国家、区域与国际层面进行正式与非正式的网络交流、协作与沟通，目标为改善地区环境信息、技能与资源交流方式，提供网络交流，加强对环境意识与能力建设工作的支持。战略举措包括将东盟环境教育库存数据库（AEEID）打造为区域环境意识与能力建设交流中心平台、建立东盟青年环境可持续发展网络、建立东盟生态学校网络、建立东盟环境教育年度论坛和建立并完善非政府组织网络五个方面。

二、东盟各国环境意识与能力建设现状

由于东盟各国经济发展水平存在差异，各国的公众环境意识与能力建设发展程度也不尽相同。文莱作为东盟环境合作十大领域中环境教育和公众参与的牵头国，公众环境意识的提高在东盟各国中位于前列。而老挝、柬埔寨、缅甸等经济欠发达国家注重环境教育较晚，与文莱、新加坡等国在提高公众环境意识与能力建设上有一定的差距。因此难以总揽全局地概括东盟各国环境意识与能力建设现

状，需分层次区别对待。

文莱

文莱负责环境意识和能力建设的单位为技术和环境伙伴关系中心，隶属于教育部。文莱为东盟环境合作十大领域中环境教育和公众参与的牵头国，环境意识与能力建设发展较早且发展程度较高。

文莱政府非常注重提高青年的环境意识，积极与学校、社区进行环境教育的合作。环境、公园及休闲部于2009年成立了青年环境使者组织，旨在推动青年参与环保志愿活动并加强公众对环保问题的意识。林业部门设立青年科学家奖，鼓励学生参加与森林有关环境问题的科学研究，并与学校林业俱乐部合作，对观光森林进行指导。

为促进公众环境意识的提高，文莱举办了一系列活动。在青年中，开展生态竞赛，要求在竞赛过程中尽可能使用循环利用的产品；开展绿色星期五项目，对社区公众、中小学生使用环保购物袋进行宣传。在公众层面，政府发起"无塑料袋日"活动，号召公众在周末放弃使用塑料袋，打造一个无塑料袋的文莱。

新加坡

新加坡负责环境意识与能力建设的单位为环境局公众教育署，主要负责引导公众关注环境问题、保护环境，对公众进行环境教育和人员培训。

新加坡对学校的环境教育提高非常重视，每年针对各年龄阶层开展了一系列活动，并形成了长期稳定的机制。如针对青年、大学生设立的"清洁和绿色周"，针对中学生的 "固体废物管理方案"和"废水管理方案"，针对小学生的"清洁河流的教育方案"和"减少废物计划"。这些环境教育活动不仅丰富了学生的课外知识，而且大大提高了学生的环境意识。

在青年环境意识提高上，举办国家青年环境保护挑战项目（NYEC）。作为新加坡最大的青年环保活动，2008年以来每年进行各种与环保主题相关的竞赛活动和公众宣传活动，并屡次打破吉尼斯世界纪录。另外，新加坡青年委员会举办的"Clean=Shiok！"[①]、"Know-清洁工日"活动，鼓励青年进行街道清洁，并向社会公众进行宣传，将保护环境的理念传播给更多人。

---

① Shiok 是新加坡的一种口语表达，表示"爽"的意思。

印度尼西亚

印度尼西亚负责公众环境意识与能力建设的单位为教育与文化部。公众环境意识提高的目标为适当关注区域和全球环境挑战；提高网络技能，解决国家的环境问题；在尊重环境伦理道德基础上支持本国的可持续发展。

印度尼西亚非常注重青年环境意识的提高，开展了一系列志愿者活动。如倡议加入应对气候变化的 TUNZA（联合国环境规划署青年活动），促使整个社区参与到志愿活动中；开展"印尼花园"活动，倡议在生活的地方种植小型花园，使花园遍布城市各个地方；开展"零垃圾"运动，对青年志愿者进行垃圾分类培训，再由志愿者引导公众以正确方式进行垃圾分类；同时，举办"无车日"活动，倡导绿色出行，低碳交通。

泰国

泰国环境资源培训中心（ERTC）承担提高公众环境意识、人员培训的工作，隶属于泰国自然资源和环境部质量促进厅（DEQP）。此外，DEQP 还成立了 27 个省级环境教育中心（PEEC）。

为提高中小学生的环境意识，义务教育法规定，在中小学开设环境教育课程，鼓励学校发展符合当地文化和环境的网上环境教育，并将环境教育与社区活动联系起来。

泰国积极开展青年环境志愿者项目，鼓励青年参与环境保护。2004 年 DEQP 开展 Mahingsa 环境青年志愿者项目，鼓励青年探索和发掘自然资源，采取行动保护自然资源，并与他人分享探索的过程。此项目需完成四个挑战项目，即发现、探索、保护和分享，通过探索发现的过程，促使青年获取保护自然资源和环境的负责任的精神。

马来西亚

马来西亚热衷于开展环境意识提高的政府组织有环境部、渔业部、野生生物和国际公园部等。2002 年该国通过了国家环境政策，重申了环境之于发展的重要性，同时表示要在国际视野下加强公众环境意识。

马来西亚自然资源与环境部为提高青年的环境意识，为各高校学生专门设立了关于环境问题的辩论赛，旨在拓展青年人在环境行为和环保政策方面的知识，并加强环境司与高等教育机构的沟通，向高校传播环境信息，践行当前的环保实践。

首届辩论赛于 1985 年举行，在 1991 年后成为年度比赛，辩题主要包括国际政策、国际协定、国家和次区域环境问题等与环境相关的话题。环境辩论赛不仅提高了青年人的环境意识，同时也让青年人更加勇于站在公众面前，教育和鼓励公众参与到环保行动中来。

菲律宾

菲律宾负责公众环境意识和能力建设的单位为环境教育与信息处，于 1992 年成立并于 2002 年在全国设立办事处，隶属于环境与自然资源部环境管理局。2008 年年底，菲律宾制定了《菲律宾国家环境意识与环境教育法 2008》，目前为东盟国家中唯一颁布环境教育法的国家。

菲律宾环境意识提高的课程框架由教育部、文化和体育部、环境和自然资源部、环境教育网络以及环保和管理教育机构协会实施。环境意识提高的目标为培养环境方面的学者和负责任的公众，保护和改善环境，提高社会公平和经济效率，实现可持续发展。

老挝

老挝环境意识提高的目标为提高不同年龄阶层对环境问题的认识水平，掌握基本的知识并了解环境问题；帮助教师掌握环境教育的教学技能，激励教师参加预防和解决环境问题。

老挝政府针对不同社会群体开展了一系列关于环境问题的研讨会和讲习班，同时在"东盟环境年"、"世界环境日"、地球日"、"世界森林日"等特定日期举办针对不同环境问题的大众媒体宣传运动，鼓励公众积极参与提高公众环境意识的活动。

柬埔寨

柬埔寨政府希望在环境意识领域建立正规的教育，尤其是年轻一代的正规环境教育，并提高对环境问题（特别是砍伐森林、沿海渔业、生物多样性的保护、城市废物管理）的公众环境意识。

柬埔寨积极开展青年的环境意识活动，柬埔寨青年环境网络（CamYEN）在

2009 年世界环境日开展了植树活动，在 2010 年世界湿地日组织开展了针对湿地保护的短期培训，通过这些活动提高了青年保护环境的意识。在学校的正规环境教育中，柬埔寨智慧大学（PUC）要求所有大一学生都必须选修环境科学课程，并鼓励青年学生参加环境保护行动，开展了植树、不同规模的辩论赛等一系列活动。

缅甸

缅甸林业环保部主要负责提高公众的环境意识。缅甸环境正规环境教育发展较慢，在环境科学和环境教育方面缺乏提供学位的高等教育学院，因此在环境教育领域提出发展目标：建立正式环境教育和社会教育体系；制定公众参与环境教育的方案；开发环境教育人力资源；提高社会所有成员的环境意识。

环保林业部为提高公众环境意识，让更多的人了解绿色经济，积极开展了氟氯烃淘汰管理计划（HPMP），号召青年学生在仰光地区测量氟氯烃溶剂数据，学习由能源部高级官员讲授的绿色建筑课程等。此外，来自高中和高等院校的学生现在也参与到环保部组织的各类环保项目和活动中，如绿色校园活动、植树活动、环保意识活动、无塑料袋运动等。

越南

越南为了努力推进国家环境意识与能力建设，成立了环境教育部和培训部。1985—1999 年，在环境教育领域先后建立了与环境相关的三个系，两个研究所和九个研究中心，主要负责环境教育、培训、研究以及技术转让。

越南政府及非政府组织积极推动公众环境意识与能力建设，创办了环保俱乐部——"350 越南"，建立应对气候变化论坛，以提高社会公众、儿童、青年的环境意识。俱乐部呼吁公众寻找应对气候危机的良方，同时希望在全国各省市建立环境交流网络，携手保护环境。

三、中国—东盟环境意识与能力建设合作现状

我国公众环境意识与能力建设相比东盟多数国家发展较早，在中小学环境教育和环境管理，增强师生的环境素养和实践能力，推动社区居民开展环境保护等方面取得了显著成果。我国与东盟成员国山水相连，文化相通，加大与东盟各国

环境意识与能力建设领域的交流合作，对推动区域公众环境意识提高以及绿色发展具有重要作用。

2010 年 8 月 3 日，在贵阳召开"中国—东盟环境教育论坛"，对"高等教育在环境保护与生态文明建设中的作用"这一主题进行深入广泛的研讨，对进一步加强中国与东盟各国之间环境意识的交流与合作具有重大意义，也昭示着中国—东盟战略协作伙伴关系在环境意识领域的不断拓展。

2010 年 4 月，第五届"中国—东盟青年营"在广西开营，以"世界的漓江，我们的漓江"为主题，各国青年代表在漓江边开展了植树、放养鱼苗等呵护漓江活动。时任国务院总理温家宝在第十次中国—东盟领导人会议上提出 5 年内邀请 1 000 名东盟青年访华，第十一次中国—东盟领导人会议也倡议开展青年营等交流对话项目，"中国—东盟青年营"由此产生。"中国—东盟青年营"活动加强了中国与东盟青年在环境保护领域的宣传教育，增进了双边的了解和友谊，推进了东盟与中国关系的深入发展。

2009 年 10 月，中国与东盟方面联合制定并通过了《中国—东盟环境保护合作战略 2009—2015》，2010 年 10 月原国务院总理温家宝倡议开展"中国—东盟绿色使者计划"以推动中国和东盟在公众环境意识与加强能力建设方面的合作。2011 年为落实中国—东盟环保合作战略制订了《中国—东盟环境合作行动计划 2011—2013》，该计划中将绿色使者计划确定为区域公众环境意识提高与能力建设合作方面的长期旗舰项目。

"中国—东盟绿色使者计划"主要推动三个方面的活动，分别为面向青年的"绿色先锋"对话与交流互动，面向政府的"绿色创新"环境管理能力建设，以及面向产业界的"绿色企业家"环境责任与伙伴关系建立活动。自 2011 年 10 月绿色使者计划启动以来，以绿色发展为主题，已举办了三次交流活动，分别是面向青年学生的"中国—东盟绿色发展青年研讨会"、面向环境官员的"中国—东盟绿色经济与环境管理研讨班"以及"中国—东盟绿色经济与生态创新青年研讨会"。通过绿色使者计划这一合作与交流平台，推动了区域环境意识提高，促进了公众参与环境保护，加强了与东盟各国交流和分享环境保护的经验。

目前，中国在推动环境意识方面做了很多工作，通过开展范围广、影响大的环境宣传活动，加强基础教育和面向社会的培训，普及环境保护知识，提高公众环境意识，并与很多机构和国内外民间组织建立了合作伙伴关系，开展官方和民间的环保对话和交流活动。

四、推动中国—东盟环境意识与能力建设合作政策建议

中国与东盟成员国在提高环境意识与能力建设领域有着共同的需求，加强环境意识与能力建设合作，符合双方的长远利益。目前，中国与东盟各国环境意识与能力建设领域合作刚刚起步，面临着很多问题：中国—东盟环境意识与能力建设合作未形成长期稳定机制，"绿色使者计划"框架下的人员交流与培训活动且刚刚起步；我国对东盟各国环境意识的信息缺乏了解，缺少沟通与交流的渠道；在现有的环境意识与能力建设合作中，缺乏长期稳定的资金支持。为推动中国—东盟环境意识与能力建设合作，建议开展如下工作。

（一）做好顶层设计，推动南南环境合作，发挥绿色使者计划的引领作用

绿色使者计划自原国务院总理温家宝在中国—东盟领导人会议上提出，到使者计划活动的前期策划，再到活动的准备、执行，已有数百人参与其中。目前，绿色使者计划已开展了面向青年及官员的多次活动，东盟国家超过 100 名代表参加了活动，媒体进行了大量报道，对公众环境意识的提高起到了积极的作用。

建议继续发挥绿色使者计划引领作用，通过对该计划在提高区域公众环境意识与能力建设领域所开展的活动进行总结，特别是在创新性的顶层活动设计方面所取得的经验，积极拓展绿色使者计划活动范围，支持国家与东南亚、非洲、西亚、拉丁美洲等发展中国家在提高公众环境意识与能力建设领域的合作，探索出一条具有中国特色的南南合作新模式。

（二）推动以青年为主体的交流活动

2012 年 6 月，十几名中国青年代表出席"里约+20"峰会，发布了《中国青年可持续发展行动报告》，并参与"与世界青年对话"活动，与各国青年代表就青年公益活动展开交流。环保部 2009 年开始实施的"千名青年环境友好使者行动"，有效激发了广大青年投身环保事业的热情和活力，同时让节能环保的理念深入人心并转化为全民自觉的行动。

青年是经济社会发展和社会进步的生力军，也是推动绿色经济发展的生力军。

推动建立青年为主体的环境意识交流网络，加强中国与东盟各国青年交流活动，发挥青年人在环境保护事业中的生力军作用，能够有效促进区域环境意识与能力建设的提高。

（三）建立国内协调机制

2009 年在北京举办的"千名青年环境友好使者行动"由环保部、教育部、共青团等八部委共同主办，在环境意识领域为部级合作单位最多的一次，为活动的实施提供了各方面的支持，对推动国内环境意识提高的协调与沟通提供了借鉴。

中国与东盟环境意识与能力建设领域的合作同样需要国内各部门相互协调与合作。建议在未来合作项目实施中，加强与外交部、商务部、教育部、共青团等部门的沟通，发挥各部委在环境意识提高中的职能和作用，有助于提高与东盟国家开展环境意识与能力建设合作的实施效果，对推动区域环境意识与能力建设合作将会起到积极作用。

（四）建立中国—东盟环境意识与能力建设交流合作平台

中国与东盟开展的环境意识与能力建设合作，政府主要起引领的作用，因此建议充分发挥中国—东盟环境保护合作中心作用，建立中国—东盟环境意识与能力建设交流合作平台。通过政府间的沟通机制，定期开展不同层次的研讨活动，交流各国环境意识与能力建设的经验，加强公众的广泛参与和支持，推动中国—东盟环境意识与能力建设合作。

（五）加强与企业、非政府组织和国际组织的合作

目前，企业和非政府组织因为资金等各方面的原因，在环境意识与能力建设领域中发挥的力量并不大。公众环境意识的提高不仅需要政府的带动，更需要有实力的企业、非政府组织及国际组织参与。建议推出针对企业、非政府组织参与环境意识与能力建设的优惠政策，形成良好的合作关系及可持续发展计划。同时，发挥联合国环境规划署的作用，利用其在协调、网络资源、信息与知识共享等方面的优势，积极寻求与国际组织的合作，形成稳定的合作网络与资金机制，支持区域环境意识与能力建设合作中的重点项目。

热点问题关注

包容性绿色增长政策工具的选择

王晨 奚旺

2012 年 6 月，在 G20 发展工作组的要求下，非洲开发银行、经济合作与发展组织（以下简称经合组织）、联合国和世界银行四个国际组织联合开发了一个非指令性的包容性绿色增长工具包，并在 2013 年 7 月进行了更新，目的是为各国决策者提供三方面内容：一是开发包容性绿色增长战略的框架；二是应对绿色增长和包容性增长面临挑战的一些关键工具概述；三是知识共享和能力建设的相关挑战和解决方案。报告分四部分进行了阐述，本文对《支持包容性绿色增长的政策工具包》报告（英文版）进行了编译。主要内容如下：

一、前言

2012 年，由墨西哥主持的 20 国集团峰会把包容性绿色增长列为会议优先事项之一。2012 年 3 月，在韩国首尔召开的 20 国集团发展工作组（以下简称"DWG"）第二次会议主要聚焦于基础设施、食品安全和包容性绿色增长等峰会确定的优先领域。同时，会议决定，2012 年由 DWG 共同主持方和相关国际组织（非洲开发银行、经合组织、联合国和世界银行）一起开发关于包容性绿色增长国家政策框架的非指令性良好实践指南/工具包，以支持有意愿设计和实施包容性绿色增长政策的国家，使其最终实现可持续发展。

DWG 认为包容性绿色增长是长期可持续发展的关键要素，是否开展包容性绿色增长不应成为发展中国家和 G20 国家获得国际援助和国际资源的前提条件。相反，国际社会应一道支持发展中国家找到适合自身国情的政策工具，促进具有环境可持续性和社会包容性的经济增长。包容性绿色增长不会自动实现，需要各个层面采取深思熟虑的相关政策和投资，确保经济增长是绿色的和包容的。

发展水平不同，各国实现包容性绿色增长的一揽子政策工具也不同。实现包容性绿色增长是一个重大的挑战，意味着国家将采取"转型"行动，部门间和部门内的财政资金分配情况也会随之变化。个别的投资项目干预对于实现包容性绿色增长是不够的，但也不是说要毕其功于一役。包容性绿色增长战略框架对于确定干预措施的优先序十分重要，有助于确定哪些干预是紧迫的，哪些可以再等一等，可以帮助发展中国家应对一些直接和关键的挑战。

适合的政策和措施与国情紧密相关，特别是与最紧迫的环境、社会和经济问题，因此报告无法提供一个普遍适用的实现包容性绿色增长战略的解决方案。根据收入水平、经济构成、资源性行业比重、对化石燃料行业依赖度、环境风险和脆弱性，不同国家有不同的侧重点。此外，政治经济情况也会对国家绿色增长政策的制定有重大影响。因此，各国应根据国情选择报告中提供的政策工具。

二、制定包容性绿色增长的国家战略

全局视野和整体战略对于制定具有长期目标的包容性绿色增长改革政策与国家战略不可或缺。正确的做法是将绿色增长纳入国家政策和发展规划的制定过程，而不是创建独立的政策文件或机构。这种做法有利于控制改革的成本，使民众（包括私营部门）更易于接受改革，也保持了政策制定的连贯性，为长期项目投资提供了稳定的政策环境。但是，制定国家战略本身会带来一些挑战，包括政府换届对政策一致性的影响、多个利益相关者的参与、跨部门协调以及长期战略目标和指标的定义。

在重大政策制定时，应先确定政策制定的方法，从一个共同愿景开始，逐一分析可能存在的问题、经验教训和机遇、具体且现实的国家目标、技术选项的分析与确定、包含具体行动的改革议程和/或投资计划、时间和资源的影响等。相关国家会开发出不同战略，但其中的基本元素相同，可以形成一个通用的框架，如图 1 所示。该框架确定了战略制定的主要步骤，每个步骤可以应用不同的政策工具。

图 1   将包容性绿色增长战略纳入国家发展框架的步骤

上述步骤的不同行动类型讨论如下。

步骤 1 愿景和目的

如前所述，任何包容性绿色增长战略都需要纳入政府和选民（包括边缘人士和绿色经济转型中比较脆弱的人群）广泛支持的国家发展愿景。为实现这一目标，战略制定需要不同层面的政治承诺和支持，这要求不同利益相关方深入磋商、信息共享，确保战略制定决策透明。

步骤 2 诊断

系统整理相关信息,以更好地理解实现包容性绿色增长目标时的机遇与挑战。特别是要确定国家经济、社会和环境/自然资源挑战和机遇、气候风险管理问题、现有政策工具评估以及实现包容性绿色增长的制约因素。

步骤 3 目标设定

制定与长期愿景相联系的中短期具体目标和预期成果。要根据各国特定的国情明确各种选项和措施的排序标准。同时,应进行制度、金融和能力限制的评估以确保政策制定与制度能力相匹配。

此外,随着国家目标的设定,各国将考虑纳入最佳实践方法的指导方针和标准。这可能包括不是专门促进绿色增长政策的指导方针,而是在政策和投资安排中考虑了可持续性和包容性核心问题的指导方针;在许多低收入国家,这些政策和投资会影响到处于政策制定中心位置的相关部门。例如,与农业有关的可能是联合国世界粮食安全委员会的土地、渔业和森林权属负责任治理自愿准则,或联合国粮农组织的负责任渔业行为准则等。

步骤 4 优先序设置与可行性分析

在缺乏市场价格(环保产品)和存在大量不确定性(关于气候风险、技术)的情况下,多标准分析可能要考虑到成本效益分析的局限性。同时,政治经济分析和分配评估也很重要。

随着紧急和重要步骤优先顺序的确定,各国可以进一步将推进包容性绿色增长。其中,应重点考虑以下两点:

• 协同效应:绿色政策能提供的当地福利,以及实现更快速更包容增长的程度。能提供直接当地福利的绿色政策的政治社会可接受度较高。政治社会可接受度是能否实现战略的一个关键因素。

• 紧迫性:在不存在运行不可逆损害的风险或陷入不可持续增长模式的情况下,政策可以被推迟的程度。

步骤 5 实施

实施一揽子政策应有明确的时间表（次序安排）和预计的支撑资源（财务、人力和技术）的支持。因此，政策应被纳入部门计划和国家财政预算流程。政策实施应优先考虑"快速赢得"或政策可以带来的快速积极回报（例如直接收入、成本节约、就业）和/或最低的实施成本。

步骤 6 监测与评估

政策设计时，需要对政策和干预措施进行监测和评估，以形成反馈回路。工具包括标准的监测与评估，以及正式学习绿色增长对什么干预效果最有效而进行的影响评价。此外，监测与评估过程可以充分体现包容性绿色增长的包容性。其参与性的方法可以充分反映政策实施的社会和经济影响。

三、包容性绿色增长相关工具

一个实用、灵活的政策工具包在帮助发展中国家识别并解决实现包容性绿色增长中的瓶颈和约束问题时将扮演重要角色。这个工具包需要包括环境、经济和社会的一般性和特殊性政策的详细情况，它从技术和制度两个层面考虑重要的长期投资和创新，避免陷入低效且昂贵的技术和基础设施。为促进这样的投资和政策，适当的政策框架、治理安排、能力建设和知识共享必须到位。

报告识别或开发了一些政策工具来培育包容绿色增长。报告列出的工具绝不是最终清单，而是开放并且定期更新的清单。表 1 列出了这些工具的类型和服务功能。

表 1 相关工具的类型和服务功能

	激励			设计	金融	监测
	污染物和自然资源利用定价的工具	补充定价政策的工具	促进包容性的工具	管理不确定性的工具	融资和投资工具	监测工具
环境财政改革和收费	✓		✓			
公共环境支出审查	✓	✓		✓		
可持续公共采购		✓	✓		✓	
战略环境评价		✓	✓			

	激励			设计	金融	监测
	污染物和自然资源利用定价的工具	补充定价政策的工具	促进包容性的工具	管理不确定性的工具	融资和投资工具	监测工具
社会保护工具		✓	✓		✓	
环境服务付费	✓		✓		✓	
可持续产品认证			✓		✓	✓
设计环境政策的工具：沟通和推动		✓	✓			
绿色创新和产业政策		✓			✓	
不确定性条件下的决策				✓		
项目层面的影响评估			✓	✓		
关于劳动力市场和收入影响的分析		✓	✓			
可持续土地管理——非洲土地政策框架和指导方针	✓	✓	✓			
水资源综合管理（IWRM）	✓	✓	✓			
绿色核算						✓

每个工具的简要描述如下：

环境财政改革和收费

环境财政改革是指可能会增加财政收入、提高效率和改善社会公平，同时促进环境目标的一系列税收和价格措施。环境财政改革工具分为以下四大类：（1）自然资源定价措施，如森林和渔业开发的税收；（2）产品补贴和税收的改革；（3）成本回收措施，如能源和水用户收费，该措施普遍适用，但需小心执行并配合保护穷人的配套措施；（4）排污收费，特别是工业污染严重的相关国家，实现排污收费的国家行政能力相对较高。

公共环境支出审查

公共环境支出审查检查部门内、部门间和/或国家与省级之间的政府资源分配情况，并评估不同环境优先事项之间资源分配的效率和有效性。公共环境支出审查经常表明环境政策、计划和政府在这些领域的低水平支出之间不匹配，而这些领域与环境的可持续和自然资本相关。在许多情况下，公共环境支出审查有助于重新分配支出，使其转向负责环境优先事项的机构和长期目标，从而大大增加了环境预算。公共环境支出审查也有利于识别、量化和最大化被低估自然资源的公共收入潜力，如林业、渔业和矿产。

可持续公共采购

可持续公共采购通常定义为以在整个生命基础上物有所值的方式，某个组织满足对商品、服务、工作和公用事业需求的一个过程。此过程不仅给该组织带来收益，也给经济和社会带来收益，同时减少了对环境的破坏。

战略环境评价

战略环境评价是指一系列分析和参与式方法，旨在将环境因素纳入政策并评价其与经济、社会和气候变化因素的内在联系。他们是各种各样的工具，而不是一个单一的、固定的和说明性的方法。战略环境评价应用在决策最早期阶段，帮助制定政策和评估其潜在发展有效性和可持续性，关注环境、社会和经济目标间的权衡。这对于评估"绿色"政策或重大项目是否会产生意想不到的后果很有价值，如补贴改革。绿色增长治理中，战略环境评价在政策和制度层面是有效的。

社会保护工具

社会保护工具确保为需要保护的个人提供基本服务，防止它们落入赤贫或帮助他们摆脱贫困。根据特定国情定义，社会保护线的目标是逐步实现有共享长期愿景的普遍、全面的覆盖，在许多情况下，社会保障线在现有的、分散的社会保护计划上进行建设，如安全网。社会保护计划对于特定人群和/或区域是暂时和局限的，通常反映紧急的优先事项，如应对食品和金融危机的需要等。

环境服务付费

环境服务付费被定义为在至少一个"卖方"和"买家"之间签订关于环境服务（或者假定可生产环境服务的土地利用）的一个自愿、有条件的协议。通过给环境服务提供商报酬，加强国际、国家、区域和地方等不同尺度的生态系统服务供应。

可持续产品认证

通过认证，识别有潜力减少不良环境和社会影响的商品和服务。区分绿色产品可以增加农民和生产者的市场价值和占有率，在有助于经济增长的同时改善环境行为，确保资源的可持续性。作为消费者的信息系统，认证计划包括：（1）多个利益相关方的协议，协议形成标准下最好的/可接受的实践；（2）评估符合性的审计过程；（3）可持续资源跟踪过程；（4）产品标签。

设计环境政策的工具：沟通和推动

沟通和推动代表广泛的以证据为基础的战略，旨在刺激和维持个体之间的环境可持续行为，包括以下几点：（1）社会营销方法，利用商业营销技术并已在很多领域进行大规模使用。如安全带使用、艾滋病毒/艾滋病预防和20世纪60年代以来的计划生育；（2）以社区为基础的方法（社会营销的一个子集），专注于改变社会规范；（3）推动低成本、简单的干预措施，旨在鼓励人们做出最好的关于卫生、环境或其他因素的决策。

绿色创新和产业政策

绿色创新政策是通过鼓励全面创新（水平政策）或支持特定技术（垂直创新）来推进绿色创新的政策。绿色产业政策是针对特定行业或公司使其经济生产结构绿色化的政策，它们包括特定行业的研发补贴、资金补贴、税收减免、上网电价和进口保护等不包括针对需求的政策（如消费者授权），这可以在不改变当地产量的情况下通过进口来满足。

不确定性条件下的决策

在绿色增长战略中主要有 4 种方法来解决不确定性：不确定下的成本效益分析（CBA）、CBA 的实物期权法、稳健决策法和气候信息决策分析法。

项目层面的影响评估

顶层包容性绿色增长的规划和决策必须转化为操作层面的投资决策和实施过程，以确保项目投资可以提高环保和社会效益并管理潜在风险。例如，在过去的 40 年里，环境影响评估（EIA）是一个行之有效的工具，在评估项目建议书环境风险与机遇和提高项目成果质量上效果较好。环境影响评价已是成熟做法，越来越被纳入国家立法。对于环境评估中的社会问题，它确实是最佳实践，但做到多大程度是不确定的。还有几个细分的项目层面影响评价方法，如社会影响评估（SIA），也可以为项目设计和决策实现包容性绿色增长提供切入点和工具。

关于劳动力市场和收入影响的分析

国际劳工组织的这一分析工具可以准确识别劳动力市场的变化、机遇和挑战，特别是青年男女。该工具可以各个部门为基础或不同类型家庭收入变化来识别潜在的就业和失业。在影响评估之外，该工具提供了劳动力市场信息，如强调为青年创造体面的工作机会，为政策制定提供指南，如某些行业就业形式的需求或对绿色微型和小型企业的支持，特别是对年轻企业家或基础设施投资的支持。同样，该工具产生的数据为评估对技能要求变化的预期以及教育、职业指导和培训政策带来的影响提供了依据。

可持续土地管理——非洲土地政策框架和指导方针

2006 年，非洲联盟委员会、非洲经济委员会和非洲开发银行启动了关于土地政策和土地改革的框架和指导方针的程序，目的是加强土地权利、提高生产率并保障多数大陆人口的生计。该倡议以广泛磋商的方式进行，涉及非洲大陆 5 个地区的区域经济委员会、民间社会组织、非洲和其他地方的卓越中心、土地政策并发和实施的从业者和研究人员、政府机构和非洲的发展伙伴。为了获得 2009 年 7 月国家元首和政府首脑大会的同意和采纳，倡议的最终结果在非盟大会正式决策过程批准之前发布。

水资源综合管理（IWRM）

水资源综合管理（IWRM）是一个全面的水资源管理方法，将水视为竞争性适用的，与生态、社会和经济系统有内在联系的单一资源。通过水资源综合管理，水被视为一个经济、社会和环境物品。水资源综合管理有助于确保指导水资源管理的政策和选择在一个综合框架内进行分析。

绿色核算

绿色核算将国民经济核算扩展到包括破坏和损耗自然资源的价值，这些自然资源支撑了生产和人类福祉。净储蓄、生产资产折旧的调整、环境枯竭和退化等可以表明幸福是否可以持续到未来。负的净储蓄表明幸福无法持续，因为支持幸福的资产正被耗尽。通过绿色核算，相关指标可以与国内生产总值（GDP）共同使用，评估一个国家如何更好地做好长远打算，同时它还提供了自然资本管理的详细核算。过去 20 年许多国家采用了这一方法——尤其是对水、能源和污染。也有个别国家采用了修改后的宏观经济指标。

四、知识共享和能力开发

尽管目前还没有国家是严格按照"包容式绿色增长之路"发展起来，但已有许多倡议可为制定包容性绿色增长政策提供了参考；同时，此类知识已向许多国家和参与者传播，建设知识共享工具变得十分迫切。在此背景下，知识平台可以发挥重要作用，如绿色增长知识平台。

调整和配置绿色技术、进行环境风险评估、跨部门协调和制定环境财政改革等方面能力有限，是许多发展中国家追求包容性绿色增长的一个重大障碍，仅仅知识共享可能并不足以解决此问题。开发能力在一定程度上与个人和各级组织、政府内外的开发技能和知识有关，能力开发的关键也与支持开发的宽松环境和跨机构、跨部门沟通以及协作有关。跨机构、跨部门沟通和协作工作对于绿色增长政策制定十分必要。在这些领域，拥有设计和实施绿色增长战略经验的各国应以更具协作性的方式工作，在全球和地区层面建立一个知识和经验分享的过程。这与努力开发绿色经济的技能相互独立、相互补充。

在一些情况下，外部参与者可在国家层面的包容性绿色增长决策能力建设上发挥重要支撑作用。为使外部参与者能帮助指导各国实施包容性绿色增长战略，报告提出五步框架如下：

（1）通过分析国情、激励架构以及自然资源的限制和机会，评估国家政治和制度背景。

（2）确定关键参与者及其能力开发需要，如政府官员、私营部门代表和公民社会团体的成员，识别利益相关者的政治和经济需求。

（3）确定建立组织激励的机会，包括寻找切入点、设立优先级、确立合适的时间表、目标和所需资源。

（4）确定认识/知识需求及现有分析工具，提高对经济发展中环境作用的认识，熟悉现有的知识产品，并采用技术工具使经济发展有利于环境项目和措施。

（5）确定应对政策，从修订的优先序和实施战略到具体环境管理措施和投资。

上述步骤不一定是连续的，也并非都是必要的，取决于使用环境。建立带有与政策制定或规划周期相联系时间表的方案十分重要。同时，监测和评估是从经验中学习、提高能力开发成果、规划和分配资源以满足优先序和示范成果的重要基础，因此定期监测项目进展十分必要。在区域及全球范围内的知识共享是机构建设和促进包容性绿色增长实施的关键。同时，也应开发普遍适用的学习课程。

总的来说，国情不同，资源和挑战不同，各国的绿色增长政策也不同。但无论如何，都应高度重视政策工具的包容性。报告提供了广泛适用的战略制定步骤和相关的非指令性政策工具。此外，成功的政策应基于良好的知识，并与地方实际能力相匹配。因此，有必要制定知识和能力建设方案以推动包容性绿色增长。

大数据时代下的环保国际合作

丁士能　贾宁

　　随着社交网络、移动互联、电子商务、互联网和云计算的兴起，各个行业以音频、视频、图像、日志等形式产生的数据正以指数级增长。2008 年，国际顶级学术期刊 *Nature* 以 "Big Data" 为专刊，讨论了大数据给各个领域带来的冲击和挑战；2011 年 5 月，国际著名咨询机构麦肯锡公司发布了题为 "大数据：下一个创新、竞争和生产力的前沿" 的报告。这是第一份系统阐述大数据的专题研究成果。2012 年，美国总统奥巴马宣布美国政府投资 2 亿美元启动 "大数据研究和发展计划"（Big Data Research and Development Initiative）。这是继 1993 年美国宣布 "信息高速公路" 计划后的又一次重大科技发展部署。美国政府认为，大数据是 "未来的新石油"，并把大数据的研究上升为国家意志。可以预见，随着大数据的发展与应用，将对未来的经济、社会各个方面乃至政府管理模式的发展带来深远影响。不同于其他行业，中国在大数据发展方面基本做到了与世界同步。2011 年，中国计算机学会、中国通信学会先后成立了大数据委员会，研究大数据中的科学与工程问题。此外，中国还于 2011 年、2012 年，举办了第一届、第二届 "大数据世界论坛"，与国际 IT 业、金融、电信等行业领先人物一同探讨大数据的应用与发展。科技部的《中国云科技发展 "十二五" 专项规划》和工信部的《物联网 "十二五" 发展规划》等都把大数据技术作为一项重点予以支持。

　　在这一时代背景下，环境保护部门也意识到在大数据应用的影响下，目前现有的管理方式、模式，信息化建设等方面面临着创新发展。本文结合国际大数据发展趋势以及中国大数据发展现状，对环保国际合作的大数据应用进行探究，并提出了若干意见：树立大数据意识，开展大数据国际合作顶层设计；加强重点区域环境信息平台建设，支持环保"走出去"；积极参与国际环保系统建设，强化国际环境信息数据收集能力；加强对大数据管理和分析的基础能力建设，保障相关决策的科学性。

一、大数据概念及主要应用

（一）大数据的基本概念

大数据 2009 年开始流行于互联网，2011 年 5 月，著名的麦肯锡全球研究院推出了关于大数据的研究报告《大数据：下一个创新、竞争和生产力的前沿》。该报告代表性提出了大数据发展的问题，而之后关于大数据的行动与讨论将全球信息化发展引入一个新的境界，一时间大数据成为世界瞩目的话题。

截至目前，世界多个机构和专家均从不同角度对大数据进行了定义。普遍能接受的一种是，"大数据技术（big data），或称巨量资料，指的是所涉及的资料量规模巨大到无法通过目前主流软件工具，在合理时间内达到撷取、管理、处理、并整理成为帮助企业经营决策更积极目的的资讯。"需要注意的是，大数据看上去与"海量数据"和"大规模数据"相似，但是在内涵上，它不仅包含了"海量数据"和"大规模数据"，而且还包括了更为复杂的数据类型；在数据处理方面，大数据的应用要求数据处理的响应速度由以往的周、天、小时降为分、秒的时间处理周期，需要借助云计算、物联网技术降低成本，提高处理数据的效率。

（二）大数据的基本特性

大数据的特点归纳起来可为 4 个：Volume（大量）、Velocity（高速）、Variety（多样）、Value（价值）。具体如下：

（1）数据体量大。随着信息化技术的高速发展，数据开始爆炸性增长。现在大型数据集，数据量规模一般在 10TB[①]左右，更多的认为应该达到 PB[②]规模。

（2）数据类别大。数据来自多种数据源，数据种类和格式日渐丰富，已冲破

[①] 淘宝近 4 亿的会员每天产生的商品交易数据约 20TB。
[②] GOOGLE 每天通过云计算平台处理的数据超过 13PB。

了以前所限定的结构化数据①范畴，囊括了半结构化②和非结构化数据③。如网络日志、视频、图片、地理位置信息、政府信息、行业信息等各式各样的信息。

（3）数据处理速度快。在数据量非常庞大的情况下，也能够做到数据的实时处理。

（4）数据价值密度低，价值密度的高低与数据总量的大小成反比。以视频为例，一部1小时的视频，在连续不间断的监控中，有用数据可能仅有一两秒。如何通过强大的机器算法更迅速地完成数据的价值"提纯"成为目前大数据背景下亟待解决的难题。

（三）大数据的应用

在大数据时代，数据的收集不再关注其本身的联系，而在与其潜在的联系，数据收集范围也扩大，不再拘泥于几个抽样点。随着信息化以及计算机相关技术的爆炸发展，大数据的基础——大量的数据收集、整理、分析不再是问题，因此，大数据被看作一种商业资本，被逐步大规模运用于商业市场：

（1）沃尔玛的搜索。这家零售业寡头为其网站 Walmart.com 自行设计了最新的搜索引擎 Polaris，利用语义数据进行文本分析、机器学习和同义词挖掘等。根据沃尔玛的说法，语义搜索技术的运用使得在线购物的完成率提升了 10%～15%，而这就意味着数十亿美元的金额。

（2）分析病情。在加拿大多伦多的一家医院，针对早产婴儿，每秒钟有超过3 000 次的数据读取。通过这些数据分析，医院能够提前知道哪些早产儿出现问题并且有针对性地采取措施，避免早产婴儿夭折。

（3）提高运营效率。沃尔玛超市连锁在其数据仓库中收集了 700 万部冰箱的数据。通过对这些数据的分析，进行更全面的监控并进行主动的维修以降低整体能耗。

（4）智慧交通。瑞典斯德哥尔摩市通过多方式的交通信息采集系统收集诸如交通流量、事故等信息。通过相关系统的实时分析，提前预测交通拥堵情况，指导相关车辆绕行。同时，通过结合居民出行信息，斯德哥尔摩为公共交通工具规

---

① 结构化数据：财务系统数据、信息管理系统数据、医疗系统数据等，其特点是数据间因果关系强。
② 半结构化数据：HTML 文档、邮件、网页等，其特点是数据间因果关系弱。
③ 非结构化数据：视频、图片、音频等，其特点是数据间没有因果关系。

划了更为合理的路线。

二、大数据国际发展的趋势

（一）大数据已成为国家重要的战略资源

大数据与自然资源、人力资源一样，在发达国家或区域内，大数据已经成为重要的战略资源，将为经济发展发挥巨大贡献。美国认为，大数据的战略地位堪比工业时代的石油；英国相关调查报告指出，英国 2011 年私企和公共部门企业的数据资产价值为 251 亿英镑，2017 年将达到 407 亿英镑；韩国认为其本国公共数据已成为具有社会和经济价值的重要国家资产；欧盟的报告认为，欧盟公共机构产生、收集或承担的地理信息、统计数据、气象数据、公共资金资助研究项目、数字图书馆等数据资源全面开放，将每年会给欧盟带来 400 亿欧元的经济增长。

（二）发达国家开始了大数据的战略布局

目前，发达国家已经开展了大数据的战略布局，争夺新经济的制高点，形成大数据时代的国家竞争力。

美国：计划先行

2012 年 3 月 29 日，美国奥巴马政府推出"大数据研究与开发计划"。为启动该项计划，美国国家科学基金会、国立卫生研究院、国防部、能源部等六大联邦机构宣布将共同投入 2 亿美元的资金，用于开发收集、存储、管理大数据的工具和技术。

欧盟：科研投入

欧委会承诺，欧盟第七研发框架计划（FP7）和新设立的欧盟 2020 地平线（Horizon 2020），一直并将继续增加对大数据技术的研发创新（R&D&I[①]）投入。截至目前，欧委会公共财政资助支持的大数据技术研发创新重点优先领域主要包

---

① Research，Development and Innovation.

括：（1）云计算研发战略及其行动计划；（2）未来物联网及其大通量超高速低能耗传输技术研制开发；（3）大型数据集（Large Datasets）虚拟现实工具（VRT）新兴技术开发应用；（4）面对大数据人类感知与生理反应的移情同感数据系统（CEEDS）研究开发；（5）大数据经验感应仪（XIM）研制开发等。

英国：投资保障

2013 年，英国商业、创新和技能部宣布，将注资 6 亿英镑发展 8 类高新技术，其中对大数据的投资达 1.89 亿英镑。同时，政府将在计算基础设施方面投入巨资，加强数据采集和分析，希望能在数据革命中占得先机。

法国：解决方案

法国政府在其发布的《数字化路线图》中表示，将大力支持"大数据"在内的战略性高新技术。法国经济、财政和工业部宣布，将投入 1 150 万欧元用于支持 7 个未来投资项目。法国政府投资这些项目的目的在于"通过发展创新性解决方案，并将其用于实践，来促进法国在大数据领域的发展"。

日本：政策推动

2013 年 6 月，安倍内阁正式公布了新 IT 战略——"创建最尖端 IT 国家宣言"。"宣言"全面阐述了 2013—2020 年以发展开放公共数据和大数据为核心的日本新 IT 国家战略，提出要把日本建设成为一个具有"世界最高水准的广泛运用信息产业技术的社会"。

新加坡、韩国：国家工程

新加坡任务大数据是"未来流通的货币"，并拟推动大数据枢纽中心建设；韩国划拨了 2 亿美元预算，在 2013 年起的 4 年时间里打造旨在运用大数据的国家工程。

（三）政府数据资源成为国家推动大数据发展的重要抓手

以美国为首的发达国家积极推动政府数据公开，并以此希望带动本国大数据产业的发展。美国于 2013 年发布了《数据开放政策》行政命令，要求公开教育、健康等七大关键领域数据，并对各政府机构数据开放时间做出了明确要求。英国实施"开放数据"项目，建立"数据英国"网站用于数据公开，为英国公共部门、学术机构等方面的创新发展提供"孵化环境"。法国于 2011 年推出"公开信息线上共享平台"，公开了包括国家财政支出、空气质量等数据。韩国在首尔市打造"首尔开放数据广场"，为用户提供十大类公共数据信息。新加坡也于 2011 年建立政府公开数据平台，开放来自 60 多个公共机构的数据。

（四）大数据推动政府管理能力创新发展

大数据应用为政府管理能力的提升带来了发展机遇。首先是为推动政府管理理念和模式的变化带来机遇。通过让海量、动态、多样的数据有效集成为有价值的信息资源，推动政府转变管理理念和治理模式，进而加快管理体系和管理能力现代化。其次是为推动政府治理决策精细化和科学化带来机遇。大数据能够对经济社会运行规律进行直观呈现，从而降低政府治理偏差概率，提高政府管理的精细化和科学化。最后是为推动政府管理提高效率和节约成本带来机遇。利用大数据，可以使政府相关管理措施所依据的数据资料更加全面，不同部门和机构之间的协调更加顺畅，进而有效提高工作效率，节约治理成本。

三、中国的大数据发展

（一）中国发展大数据的意义

我国正处在全面建成小康社会征程中，工业化、信息化、城镇化、农业现代化任务很重，建设下一代信息基础设施，发展现代信息技术产业体系，健全信息安全保障体系，推进信息网络技术广泛运用，是实现"四化"同步发展的保证。大数据分析对我们深刻领会世情和国情，把握规律，实现科学发展，做出科学决策具有重要意义。

1．大力发展大数据有利于国家竞争力的提升

在大数据时代，国家竞争力将部分体现为一国拥有数据的规模、活性以及解释、运用数据的能力；国家数据主权体现对数据的占有和控制。数据主权将是继

边防、海防、空防之后，另一个大国博弈的空间，我国应当给予高度重视。

2．大数据是中国社会经济创新发展的重要机遇

目前，中国正处于社会、经济发展转型期。大数据的发展为尚处于初步阶段的我国社会管理信息化提供了跨越式发展的机遇。在经济方面，大数据成为企业提升竞争力的新途径，同时也为国家经济的可持续、绿色发展创造了条件。

（二）大数据在中国主要应用领域

2011 年以来，中国计算机学会、中国通信学会先后成立了大数据委员会，研究大数据中的科学与工程问题，科技部的《中国云科技发展"十二五"专项规划》和工信部的《物联网"十二五"发展规划》等都把大数据技术作为一项重点予以支持。

目前，大数据在我国主要经济领域应用如下：

1．大数据在经济预警方面发挥重要作用

2008 年金融危机中，阿里平台的海量交易记录预测了经济指数的下滑。2008年年初，阿里巴巴平台上整个买家询盘数急剧下滑，预示了经济危机的来临。数以万计的中小制造商及时获得阿里巴巴的预警，为预防危机做好了准备。

2．大数据分析成为市场营销的重要手段

基于百度覆盖 95%中国网民的用户量，百度帮助宝洁精准地定位了消费者的地域分布、兴趣爱好等信息，根据百度分析的结论，宝洁适时地调整了营销策略。

3．大数据在临床诊断、远程监控、药品研发等领域发挥重要作用

我国目前已经有 10 余个城市开展了数字医疗。病历、影像、远程医疗等都会产生大量的数据并形成电子病历及健康档案。基于这些海量数据，医院能够精准地分析病人的体征、治疗费用和疗效数据，可避免过度及副作用较为明显的治疗，此外，还可以利用这些数据进行实现计算机远程监护，对慢性病进行管理等。

4．大数据为金融领域的客户管理、营销管理及风险管理提供重要支撑

中国金融系统依托大数据平台可以进行客户行为跟踪、分析，进而获取用户的消费习惯、风险收益偏好等。针对用户的这些特性，银行等金融部门有针对性实施风险及营销管理。

（三）中国大数据发展的主要问题

1．数据总量不够、信息"孤岛"现象严重

我国数字化的数据资源总量远远低于美欧，每年新增数据量仅为美国的7%，欧洲的12%，其中政府和制造业的数据资源积累远远落后于国外。就已有有限的数据资源来说，还存在标准化、准确性、完整性低，利用价值不高的情况，这大大降低了数据的价值。同时，我国政府、企业和行业信息化系统建设往往缺少统一规划和科学论证，系统之间缺乏统一的标准，形成了众多"信息孤岛"，而且受行政垄断和商业利益所限，数据开放程度较低，以邻为壑、共享难，这给数据利用造成极大的障碍。

2．大数据认识不足

目前，虽然已经有越来越多的政府以及企业用户尝试应用大数据的解决方案，但是大多数用户对于大数据的认识仍然十分模糊，一些政府部门和企业对大数据在本部门、本行业的应用尚不能充分认识。例如，在大数据智慧型城市发展中，许多政府部门对大数据的应用还停留在移动生活和移动办公中，对于更深入的交通、生态、宜居等方面应用还认识不足。

3．信息处理技术落后

大数据除数据收集之外，最主要的是数据处理、分析及应用。而我国数据处理技术基础薄弱，总体上以跟随为主，难以满足大数据大规模应用的需求。如果把大数据比作石油，那数据分析工具就是勘探、钻井、提炼、加工的技术。我国必须掌握大数据关键技术，才能将资源转化为价值。

4．基础设施硬件不能满足大数据发展需求

大数据通常都是非结构性的，其中视频、音频、监测等数据对实时性的要求很高，大数据需要大管道和超高速的网络连接。然而，在宽带网建设方面，我国的国际互联网干线带宽、国内带宽以及移动互联网下载速率的国际排名都比较靠后。此外，由于大数据不再对数据进行取样分析，而是采用全数据分析。因此，对于需要对监测数据进行实时收集的行业来说，实时监测基础设施是否完善，将制约着大数据的应用。

5．大数据建设在部分领域存在重复建设

中国大数据发展过程中存在基础设施硬件不能满足大数据发展的同时，也存在部分领域的重复建设问题。如在大数据智慧型城市建设领域，地方政府的各个部门都开展相关信息收集能力建设，但是对于一些应用广泛、收集容易的数据，重复建设现象严重。以一地级市为例，其有关部门相关系统设计的信息采集重叠率达到82%，信息不一致率达到27%，信息不完整率达到43%，存在大量的重复投入和信息盲点。

四、大数据对推动环保国际合作的重要作用

目前，我国环境保护面临着来自国内、国际的双重压力与挑战，明显表现为"双向影响严峻、内外利益攸关、国际形象关切、大国责任凸显、挑战机遇并存"的局面。在新形势下，环保国际合作要进一步统筹国际、国内两个大局，构建有利于生态文明建设的环保国际合作战略，既要加强顶层设计，又要推动实践创新，抓住重点，着力探索环保国际合作新道路。大数据作为推动环保发展的重要手段，在促进环保国际合作方面具有重要的意义。

（一）支持生态文明建设创新发展

生态文明建设为中国实现美丽中国梦、民族永续发展指明了方向和实现途径，是我国推动环境与经济和谐发展理念的集中体现，是我国在全球可持续发展领域的一次理论创新。大数据有助于环保部门通过充分地对比、科学地分析，为引入

适合中国国情的国际环境与发展先进理念服务,促进中国生态文明理念和"美丽中国"的国际理解互动,丰富与深化生态文明国际化内涵,支持生态文明建设的创新发展。

(二)增强服务环保中心工作能力

环保国际合作是推动污染减排、促进生态环境建设的重要手段之一。推动大数据在跨界水体环境监管、跨界生态环境状况监测、边境地区环境预警与应急体系中,有助于提高区域相关国家应对突发环境问题的预警以及应急能力,确保重大环境污染事件的有效处置。同时,在推动大数据在这些体系中运用的同时,也有助于全面收集和系统分析相关国家的环保体系、环境标准等相关信息,为国内进一步完善法律、制度、管理等体系提供国际借鉴。

(三)推动环保国际宣传

随着我国成为世界第二大经济体,居高不下的污染物总量对周边国家及全球环境正产生着越来越大的负面影响,中国环境污染原罪的形象经媒体传播,越来越广泛。如,日本、韩国的雾霾天归咎于中国;美国科学研究指出,中国的细小颗粒物飘至美国等,均是此类事件的代表。而经济增长带动的资源需求,也对国际资源市场形成了巨大的压力和冲击。国际社会对我国加强环保能力建设的呼声高涨。通过大数据建设,在推动我国诸如环保物联网发展、环境风险的预测能力、环境管理水平、污染排放监管等环保基础能力建设的同时,还有助于环保部门在保证数据准确的基础上,通过相关数据展示,更为广泛、具体、有效、直观地展现中国环保成就,推动中国环保国际宣传,争取国际社会的理解与支持,减少国际上对我国环境保护的压力,提升我国的环境"软实力"。

(四)促进环保"走出去"

目前,推动环保"走出去"是我国开展环保国际合作的主要内容之一。环保"走出去"主要是针对发展中国家及不发达国家,输出我国的环保理念、体系、制度、规则、标准以及相关产品、设备及服务,营造有利于中国发展的国际舆论环境以及推动环保产业"走出去"的商业环境。但是,由于我国环保国际合作还处于初步阶段,对相关国家的环境信息收集手段单一,渠道狭窄,数据分析能力孱弱。因此，通过环保国际合作大数据平台建设，有助于推动我国对他国环境信息的收集能力，准确及有效地分析、把握他国（区域）环保需求、发展趋势，结合我国自身特点，通过开展培训、交流、技术转移等活动，推动我国环保"走出去"。

（五）支持国际合作的基础能力建设

根据"十二五"环境保护国际合作工作纲要相关内容，为推动环保国际合作的开展，环保部在"十二五"期间开展基础能力和保障能力建设，其中包括：区域环境保护合作平台、环保产业与技术国际合作平台、国际环境合作战略与政策研究基地、跨界环境问题研究基地等。在统一的大数据平台的支持下，这些平台基地将能有效地收集、利用相关数据，为相关决策提供科学分析，更好地发挥环保国际合作的智库作用。

（六）争取国际环境谈判主动权

目前，发达国家仍是世界有限资源的主要消费者和污染源。而发展中国家以不发达国家面临着环境与经济发展的双重问题。因此，在相关国际（区域、双边）环境问题谈判中，中国遵循着"共同但有区别的责任"的原则，强调发达国家对发展中国家要做出资金支持、技术转移等切实贡献。在大数据时代下，通过加强信息平台建设，有助于中国收集相关国家环境信息，强化依据数据进行的国际环境问题的分析和研究能力，为我国参与相关环境保护国际谈判提供支撑，推动全球、区域、跨界等环境问题的解决。

五、推动大数据在环保国际合作的相关战略思考

大数据应用推动着环保国际合作变革同时，也对开展环保国际合作的内容提出了创新要求。因此，对于我国环保部门，应认清大数据在环保国际合作发展过程中的突出问题，准确把握相关工作职能、工作模式带来的从思维模式到具体行动的大变革，顺应大数据的潮流，为进一步促进环保国际合作服务。

（一）树立大数据意识，开展大数据国际合作顶层设计

积极推动环保国际合作人员主动树立大数据意识，积极转换思维观念，关注大数据带来的国际合作创新发展，充分理解大数据的内涵，重视数据、尊重数据、"让数据发声"，使大数据成为我们在信息化条件下开展环保国际合作工作的有力抓手。目前，如何充分发挥大数据优势，推动环保国际合作还处于摸索阶段，下一步建议，应开展环保国际合作在大数据时代下发展的专题研究工作，引入"大环保"概念，并针对国际合作具体内容的创新而可能带来的管理、职能以及体制、制度方面的变革，做好统筹规划与顶层设计，明确环保国际合作在大数据时代下的建设方向与路径。

（二）加强重点区域环境信息平台建设，支持环保"走出去"

结合目前的国家实施"一带一路"战略的外交大局，中亚及东盟地区是环保"走出去"的重点区域。因此，建议环保部重点支持上海合作组织环境信息平台以及中国—东盟环境信息平台建设。通过上述两个平台建设，收集周边环境信息数据，通过分析、总结，支持相关跨界环境问题研究，并有针对性地开展相关国际合作以及援助工作，嵌入我国环保理念、制度以及标准，推动我国优秀的环保技术及企业"走出去"，落实环保"走出去"。

（三）积极参与国际环保系统建设，强化国际环境信息数据收集能力

目前，国际上建立了全球环境监测系统、国际环境资料查询系统和有毒化学物的国际登记中心等诸多涉及监测、环境信息分享、技术交流的系统和网络。我国黄河、长江、珠江、太湖四个水系已参加全球水监测系统，北京、上海、沈阳、广州和西安等城市已参加世界城市大气污染监测网络。以欧盟、东盟为代表的国家区域联盟也正积极建设并推动相关信息数据网络平台建设，强化区域内环保相关信息数据的收集、分享与交流。下一步，应加强环保网络建设方面的交流与合作，进一步完善我国相关网络平台建设，支持并积极参与全球或者区域网络平台建设。通过这些网络平台的建设，强化国际环境信息数据的收集能力。

（四）加强对大数据管理和分析的基础能力建设，保障相关决策的科学性

大数据时代最大的特征在于对数据的应用，支持相关决策的科学性。因此，在强化数据收集能力的基础上，还应加强对数据的管理和分析的基础能力建设。下一步，建议建设环保国际合作大数据平台，该数据平台将与上述信息平台和相关网络实现对接，从而实现对国内外环保相关信息的统一综合管理，避免重复建设，防止"信息孤岛"现象发生，为环保国际合作相关决策做好服务，为国际环境问题谈判提供科学依据，为涉及环境问题的国际贸易协议签署提供支撑。此外，结合我国目前技术、管理、分析的复合型人才缺乏，信息处理技术落后的现实，建议应加强应用人才队伍建设，培养和造就一支懂指挥、懂技术、懂管理的大数据建设专业队伍，确保对收集的数据能进行有效的管理，并进行科学的分析，保障相关决策的科学性。

参考文献

[1] 李斌. 大数据及其发展趋势研究[J]. 广西教育 C：职业与高等教育版, 2013（35）：190-192.

[2] 付玉辉. 从大数据、大环保到大治理，2014.

[3] 侯人华, 徐少同. 美国政府开放数据的管理和利用分析——以 WWW.DATA.GOV 为例. 2011.

[4] 陆建英, 郑磊, Sharon S.Dawes. 美国的政府数据开放：历史、进展与启示. 2013.

[5] 大数据能源管理信息化研究会. http://www.ceee.com.cn/hyml/2013-7-24/ news44117. html.

[6] 维克托, 迈尔-舍恩伯格. 大数据时代—生活、工作与思维的大变革[M]. 杭州：浙江人民出版社, 2012.

[7] 孟小峰, 慈祥. 大数据管理：概念、技术与挑战. 2013.

[8] 李国杰, 程学旗. 大数据研究：未来科技及经济社会发展的重大战略领域. 2012.

[9] 欧美国家大数据战略及市场情况. http://intl.ce.cn/specials/zxgjzh/201406/10/t20140610_2952431.shtml.

[10] 大数据与中国的战略选择. http://www.qstheory.cn/freely/2014-07/07/c_1111485084.htm.

[11] 看各国如何布局大数据战略. http://www.chinaeg.gov.cn/show-5747.html.

联合国可持续发展教育的经验及启示

唐华清　贾　宁

可持续发展教育（Education for Sustainable Development，ESD）由联合国教科文组织发起，旨在通过教育改变人们的价值观、思维方式和生活理念，共同构建一个可持续的未来。ESD 意在培养可持续的价值观念和生活方式。ESD 的目标是改革并提高基础教育水平；重新定位当前的教育计划；培养可持续的公众意识和理念；提供具体实践性的培训。ESD 通过教育，促进人类全面发展，推动教育自身发展和变革，深化环境保护工作，以推动社会的整体发展。

2005—2014 年被定为联合国可持续发展教育十年（Decade of Education for Sustainable Development，DESD）。十年里，该理念在全球范围内广泛传播，得到许多国家的支持和响应，开展关于 ESD 的各项活动，取得了积极的成绩。为巩固DESD 十年里的优秀成果，继续推进可持续发展教育，联合国教科文组织将在 2015年开启可持续发展教育的新阶段，深化可持续发展教育的进程。

本文介绍 ESD 的概念、发展过程和十年中取得的成果，旨在帮助我们认识ESD 在可持续发展中的重要性，了解 ESD 的未来发展方向，为今后我国开展可持续环境教育和推进区域环境保护合作提供经验借鉴。包括研究与借鉴 ESD 理念，完善我国环境教育体制与机制，推动我国环境教育健康发展；梳理 ESD 在全球的发展经验，促进区域环境教育信息共享；及依托中国—东盟绿色使者计划，整合ESD 成功经验，推动区域环境教育合作。

一、可持续发展教育（ESD）的概念及内涵

1972 年，联合国人类环境研讨会上提出了可持续发展概念，其内容涵盖范围

包括国际、区域、地方等多个层面，并最终在 1987 年世界环境与发展委员会出版的《我们的未来》报告中定义为：既能满足当代人的需要，又不对后代人满足其需要的能力构成危害的发展。可持续发展是人类对工业文明进程反思的必然结果，是人类在为了克服社会、经济与环境问题，特别是全球性的环境污染和生态破坏，并在社会发展和环境之间的关系失衡的情况下寻找平衡点的理性抉择。

2005 年联合国把教育加入可持续发展战略中，并把 2005—2014 年定为可持续发展教育十年，要求世界各国政府在这十年中将可持续发展融入国家各个相关层次的教育战略和行动计划中。可持续发展教育是把抽象的教育意义具体化，将教育的可持续发展性体现到具体现实中，把可持续发展的核心——人类，作为目标进行可持续发展教育。培养和发展个人以及社会的未来可持续工作能力。教育使人们学习和了解，认识挑战，学习社会认知能力、集体责任和团队合作。

ESD 的基础意义是培养价值观念，核心内容是尊重，即尊重他人、尊重差异性和多样性、尊重环境、尊重地球资源。使我们懂得如何了解他人和学会与人与社会、环境及自然共同生活。从多个方面、多种方式教导人类之间的生活合作，以及对大自然、环境、资源的生活途径，让人与环境更加和谐地共同发展，维持人类发展与环境资源的平衡。

图 1 所示为可持续发展教育的目标，共有四个部分。一是改革基础教育，提高基础教育水平。确保每个人都有受教育的机会，学习知识、技能、价值观和思维方式，鼓励和支持公众参与和社会决策。二是重新定位当前的教育计划。确保从学前教育到大学的课程内容和教学方法是提倡人们发展可持续未来的知识、技能、价值观和思维方式。三是培养可持续的公众意识和理念。通过社区教育，包括由负责任的大众媒体宣传的价值观念培养公众的可持续发展意识和思维理念。

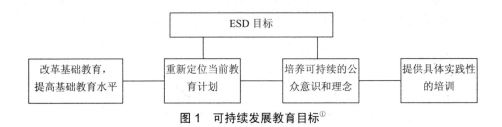

图 1　可持续发展教育目标[①]

---

① UNESCO.*Astrolabe-A Guide to Education for Sustainable Development Coordination in Asia and the Pacific.*

四是提供具体实践性的培训。为企业、组织机构和社会提供培训，使其有能力在地方、州乃至国家层面上制定决策和工作中践行可持续发展的理念。

二、ESD 实施的意义

自 2002 年约翰内斯堡可持续发展世界首脑会议以来，国际社会以及各个国家在不同层面、不同领域不断强化和推进可持续发展教育，让可持续发展教育在多个方面体现其重要价值。

（一）可持续发展教育促进人类全面发展

现今的社会发展、科技进步和社会制度体系不断改革，却并没有完全解决人类的生存问题。相反，全球经济危机和社会危机（中东地区、石油国家战争问题）频发，让人类的生存危机逐渐扩大。为了能够培养永续发展的理念，实现全球经济、资源的可持续发展，教育的意义在这一问题上得到了完美的体现。

（二）可持续发展教育促进教育发展和变革

当今的生活方式对于人类未来的发展以及社会环境是不可持续的。而教育，则是实现可持续发展的关键，同时，它又在社会的再生产过程中发挥作用。所以，要想实现教育作为可持续社会发展的变革的动力，教育本身的发展和变革则具有更为重要的意义。

对于教育改革这一主题应予以更多的重视。作为构建可持续发展的核心——可持续发展教育，能够让它发挥真正的作用，并在培养人类能力和促进社会可持续发展上体现价值，教育本身就更需要发展和变革。

（三）可持续发展教育促进环境保护

人类社会发展历程，在不断演绎着人与自然、人与社会和谐关系的不断演变。与自然和谐相处有关的价值观念、知识和生活方式等一系列能够对一个国家如何对待可持续发展教育产生着重大影响。所以在这一层面来看，环境保护不仅仅只是体现在一些具体的表达形式上，更大程度的还会影响到一个国家对于可持续发展教育的决策。自然与环境的概念是人类社会长期以来形成的价值观，因此培养可持续发展价值观是可持续发展教育的重要责任之一。

因此，发展可持续发展教育，要在根本上提高一个国家对于可持续发展的认知程度，从这方面，可持续发展教育将在更大程度上推动国家的环境保护和资源节约工作。加大环境保护力度，推动发展可持续发展教育，两者相辅相成。

（四）可持续发展教育促进社会整体发展

从上述可持续发展教育的定义、目标以及特征可以看出，可持续发展教育十分强调社会属性，在重视人的全面发展同时，始终将人与自然、社会联系在一起，要求平等、持续、整体、和谐。人作为社会存在和发展的主体，对社会发展与进步的节奏和方向，起到了决定性作用。人类的观念、态度、价值观支配着人类的行为方式，决定着社会发展的走向。如果没有积极的、参与的、知情的、有能力的公民，我们就看不到建设一个可持续社会的任何前景。也就是说，这种积极的、参与的、知情的、负责的、有能力的公民是社会可持续发展的关键。

三、ESD 与其他相关教育国际倡议的区别

在推进 ESD 的同时，还有必要了解 ESD 与其他教育国际倡议的区别以及这些国际性倡议的具体含义，更深层次地了解发展 ESD 的意义以及如何实施和发展。

（1）全民教育（Education For All，EFA）是联合国教科文组织倡导的一项行动，其目标是全球范围内的儿童、青少年及成人。这一倡议旨在为那些难以接受正常教育或者因条件困难无法正常接受教育的人提供正常人所需的教育，从而在全球范围内减少文盲率，消除因地区因素而存在的教育差异和接受教育儿童性别差异等。

而可持续发展教育的人群更为广泛，包含着对全人类生存问题解决并实现可持续发展重要理想的现实教育意义。并且可持续发展教育是通过教导个人理解存在意义，培养价值观念，从个人的行动上来实现整个社会的可持续发展。内容上比 EFA 包含得更为深层次，并且在地域上更为广阔，不仅包含了 EFA 所特指的特殊环境地区、贫穷地区，更是涉及全球以及全人类的生存问题。

（2）联合国扫盲十年计划（United Nations Literacy Decade，UNLD）旨在帮助那些还尚未识字的人开始识字，这一计划主要针对的是成年人，扫盲十年的目

标是在各地建设文化学习环境，给予人们表达自己观点、从事有效学习、与现实社会更多接触的机会。计划主题是普及教育。

扫盲十年计划也可以看作是可持续发展教育的其中一个推动力，在创造一个为更多需要学习的人提供一个学习场所的同时，消除文盲的基数，使更多人能够在社会中更适应，从而推动社会文化建设的可持续发展，在文化建设、培养个人能力方面与可持续发展教育不约而同，并且推广教育的可持续发展更可行。

（3）千年发展目标（Millennium Development Goals）是在 2000 年 9 月全球领袖们在联合国达成的一项新千年宣言的协议：在承诺于 2015 年之前将全球的贫困人口减少一半的同时，实现促进社会发展和人类进步的 8 项目标：消除极度贫困和饥饿；普及全球初等教育；促进性别平等、提高女性权利；减少儿童死亡率；提高孕产妇的健康水平；与艾滋病、疟疾和其他疾病斗争；保护环境的可持续发展；促进全球合作关系的发展。这些目标中，大部分都和可持续发展以及可持续发展教育要解决的发展可持续性问题相同，对于发展可持续发展教育起着重要支撑和协作的意义。

可持续发展教育是为解决全人类生存问题，并实现社会发展、环境保护的可持续性。千年发展目标在很大程度上，以各国首脑的力量，为其提供更加具体的表现方式。以资源、环境、消除贫穷死亡、培养价值观念等方面的可持续性，以国家力量和政府的决策为基准，去实施发展可持续发展教育所包含的一切为人类生存提供更大转危为安的解决途径和发展前景。

四、ESD 的全球活动与进展

ESD 是一般性的倡议，不同地区应根据当地具体情况和实际问题进行适当的调整，以满足自身需求。为推动 ESD 项目，联合国教科文组织制订了"可持续发展教育（DESD）十年"行动计划，见图 2。

图 2 为联合国为推动可持续发展教育十年制订的计划，其中包括了愿景使命、目标和推动力、控制评估与调查研究、主题计划和部门的分工合作。该计划从八个方面出发，对可持续发展教育进行梳理，分别是文化方面、科学方面、教育方面、沟通交流方面、社会与人类科学方面、战略计划方面、机构与网络方面，以及国家、族群和地区的地域性方面。

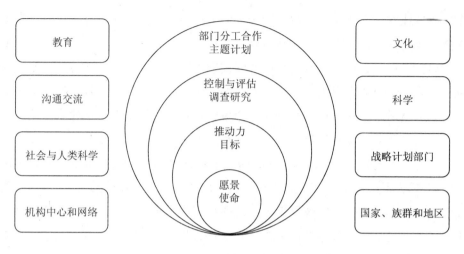

图 2   联合国可持续发展教育十年计划①

目前，ESD 在全球已广泛展开，取得可观的成果，有很多值得借鉴的经验。

（一）非洲地区

在非洲地区，多方位、多层次的会议和研讨会定期举行，商讨 DESD 的实施战略。2006 年 3 月，非洲教育发展理事会（ADEA）在加蓬首都利伯维尔举行。会上通过了《非洲地区撒哈拉可持续发展教育行动策略》，号召将非洲文化、知识系统、语言、生活方式等整合到可持续发展教育框架中，在可持续发展教育十年进程中推动这些教育。同年 9 月在纳米比亚首都温得和克召开可持续发展教育南非地区会议，多角度研讨和阐述了教育与社会发展之间的关系。

（二）欧洲地区

2005 年 3 月，欧洲环境和教育部高级会议在立陶宛的维尔扭斯市举行，会议通过了《欧洲经济委员会可持续发展教育战略》。其中具体阐述了欧洲可持续发展教育战略目标、范围、原则、主要问题、实施框架等。这次会议成为在欧洲正式启动可持续发展教育的重要标志。此后，一部分国家通过建立跨部门合作机构实施可持续发展教育，另一部分国家则采用建立工作组形式负责组织实施《欧洲经济委员会可持续发展教育战略》。同时，欧洲和北美地区还采用项目管理方式实施

---

① UNESCO. *The UN Decade of Education for Sustainable Development*（*DESD* 2005-2014）*The First Two Years.*

可持续发展教育，如地中海地区水资源教育项目。迄今为止，已有 39 个机构参加到该项目中来。项目通过推动教育革新帮助青少年持续关注地中海水处理问题，促进了地中海沿岸国家教育系统的合作。

波罗的海可持续发展教育项目是一个由波罗的海沿岸 11 个国家参加的长期项目。参与国家包括丹麦、芬兰、德国、爱沙尼亚、冰岛、拉脱维亚、立陶宛、波兰、俄罗斯、瑞典等。这些国家尽管经济、社会、环境条件差异很大，但都有一个共同的可持续发展目标。项目的关注点在于，在农业、能源、渔业、森林、工厂、旅游和交通等领域开展专题教育，以实现 21 世纪波罗的海地区的可持续发展。

中欧和东欧环境中心的"绿色资源包"（The Green Pack）项目，是一个多媒体的环境教育课程，是专门为欧洲中小学校教师和学生设计的项目。项目启动于 2001 年，其中包括许多教育资源如教师手册、教学计划与数据表、动画片、互动性环境游戏等。目前，这个资源包有 11 种语言翻译的版本。

（三）拉美地区

在美国，则主要采用建设可持续学校项目的形式开展可持续发展教育。在拉丁美洲和加勒比海地区，2005 年由巴西可持续发展商业理事会（CEBDS）、世界可持续发展商业理事会（WBCSD）、联合国环境规划署（UNEP）、世界银行和巴西政府共同参与的伊比利亚—美洲大会在里约热内卢召开。会议上，拉丁美洲的 DESD 活动正式展开。加勒比海地区 DESD 发起于 2005 年牙买加首都金斯顿举行的 DESD 会议。

（四）亚太地区

亚太地区的可持续发展主要面临来自社会、文化、环境和经济四个方面的挑战。四个方面的挑战相互联系，只有共同、全方位地应对挑战，才能真正解决亚太地区可持续发展存在的问题。

在亚太地区，DESD 实施正式发起于 2005 年日本名古屋。该地区的实施成果丰富，如 2006 年澳大利亚环境教育协会全国会议上讨论如何将 DESD 纳入澳大利亚政府战略之中。澳大利亚在国家行动计划当中实施 DESD，2000 年一项名为"环境教育促进可持续未来"的提案发布，指出澳大利亚公民应改变目前一些不具有可持续性的生活和工作方式，构建美好的未来。为应对挑战，联合国教科文组织开展了一系列培训教育活动。仅 2008—2009 年，来自 28 个国家超过 55 名部级代表出席了培训活动，同时还有来自地方、教育界和私人部门参与其中。

图 3 展示的是亚太地区协作共同开展可持续发展教育工作的愿景，其中包括可持续发展教育的首要任务，分别是加强部长级和政府高层之间的对话和领导；重新定位当前各国的正式和非正式课程体系和教育系统；在国家和区域层面对可持续发展教育进行管理和控制。

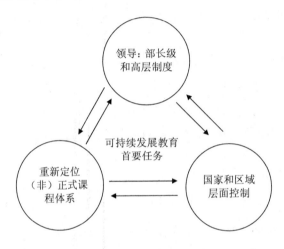

图 3　亚太地区可持续发展教育工作愿景[①]

五、启示

综上所述，ESD 的核心是可持续的价值观念和思维模式，即通过教育让人们改变生活行为，促进社会可持续发展。很多国家已经开展了相对完善的 ESD 活动，将环境教育纳入法律体系，设立专门的机构对 ESD 活动进行指导和监管。

我国环境教育发展有 20 多年，已初步形成一个多形式、多层次的教育体系，并被纳入国家教育计划的长期规划中，成为教育计划的一个有机组成部分。早在"九五计划"中，就提出了"加强环境宣传教育，提高全民环境意识"。但是至今，环境教育尚未正式立法，推进环境教育工作没有具体法律条文的推进和监督。环

---

① UNESCO.*Astrolabe-A Guide to Education for Sustainable Development Coordination in Asia and the Pacific.*

境教育立法工作已迫在眉睫，以此为契机，引入 ESD 概念，将 ESD 倡导的尊重他人、环境与地球，通过教育促进人类之间以及人与环境之间的可持续发展等概念纳入我国的环境教育的理念当中，指导我国环境教育的发展，与此同时，借鉴国际 ESD 经验，完善我国的环境教育体制与机制，明确我国环境教育开展的具体流程和方式，推动我国环境教育的健康发展。

ESD 的核心理念得到全球范围的广泛关注和认可，通过十年的推广与实践，联合国教科文组织、联合国环境规划署等国际机构、多个国家的教育主管机构、地方政府、教育机构、学校、企业和个人参与其中，ESD 的理念得到广泛传播，未来在区域环境合作中，积极吸收 ESD 的成功经验，利用 ESD 的国际影响力，同时结合目前已经开展的中国—东盟绿色使者计划等项目，整合资源、信息共享，共同推动区域环境教育合作。

为推动中国与东盟国家在提高公众环境意识、加强人员交流与能力建设方面的工作，"中国—东盟绿色使者计划"相应提出。该计划开展面向青年、政府官员和产业界的多项培训交流活动，自 2011 年正式启动以来，直接参与的中国与东盟代表超过 500 人，该项目逐渐成为中国与东盟区域公众意识提高与能力建设的旗舰项目，得到各方的积极认可。在未来工作中，中国—东盟绿色使者计划可引入和借鉴国际上相对成熟的 ESD 项目，丰富该计划的活动内容，推动中国与东盟国家环境教育工作，促进区域可持续发展。

中国—东盟绿色使者计划大有可为

贾宁 毛立敏 奚旺

在 2010 年 10 月召开的第十三届中国—东盟领导人会议上，时任中国国家总理温家宝提出了开展中国—东盟绿色使者计划的倡议，以推动中国和东盟在公众环境意识与加强能力建设方面的合作。2011 年通过的《中国—东盟环境保护合作行动计划 2011—2013》中，将绿色使者计划确立为中国与东盟国家在公众环境意识与能力建设合作方面的长期旗舰项目。自绿色使者计划正式启动以来，超过 100 位东盟国家代表来华参加交流，活动参与中外代表超过 500 人，富有成效地推动了中国与东盟区域环境意识与能力建设领域的合作。

一、东盟各国环境教育现状

由于东盟各国经济发展水平存在差异，各国的公众环境意识与能力建设发展程度也不尽相同。因此难以总揽全局地概括东盟各国环境意识与能力建设现状，需区别对待。

文莱负责环境意识和能力建设的单位为技术和环境伙伴关系中心，隶属于教育部。文莱为东盟环境合作十大领域中环境教育和公众参与的牵头国，环境意识与能力建设发展较早且发展程度较高。文莱政府非常注重提高青年的环境意识，积极与学校、社区进行环境教育的合作。环境、公园及休闲部于 2009 年成立了青年环境使者组织，旨在推动青年参与环保志愿活动并加强公众环境意识。林业部门设立青年科学家奖，鼓励学生参加与森林有关环境问题的科学研究。

新加坡负责环境意识与能力建设的单位为环境局公众教育署，主要负责引导公众关注环境问题、保护环境，对公众进行环境教育和人员培训。新加坡对学校的环境教育提高非常重视，每年针对各年龄阶层开展了一系列活动，并形成了长期稳定的机制。如针对青年、大学设立的"清洁和绿色周"，针对中学生的"固体废物管理方案"和"废水管理方案"，针对小学生的"清洁河流的教育方案"和"减少废物计划"。这些环境教育活动不仅丰富了学生的课外知识，而且大大提高了学生的环境意识。

印度尼西亚负责公众环境意识与能力建设的部门为教育与文化部。为提高青年的环境意识，该部门开展了一系列志愿者活动。如倡议加入应对气候变化组织，促使整个社区参与到志愿活动中；开展"印尼花园"活动，倡议在生活的地方种植小型花园，使花园遍布城市各个地方；开展"零垃圾"运动，对青年志愿者进行垃圾分类培训，再由志愿者引导公众以正确方式进行垃圾分类；同时，举办"无车日"活动，倡导绿色出行，低碳交通。

泰国环境资源培训中心承担着提高公众环境意识、人员培训的工作，隶属于泰国自然资源和环境部质量促进厅。该厅还成立了 27 个省级环境教育中心。泰国积极开展青年环境志愿者项目，鼓励青年参与环境保护。2004 年开展了环境青年志愿者项目，鼓励青年探索和发掘自然资源，采取行动保护自然资源，并与他人分享探索的过程。此项目需完成四个挑战项目，即发现、探索、保护和分享，通过探索发现的过程，促使青年获取保护自然资源和环境的负责任的精神。

马来西亚热衷于提高环境意识的政府组织有环境部、渔业部、野生生物和国际公园部等。2002 年，该国通过了国家环境政策，重申了环境之于发展的重要性，同时表示要在国际视野下加强公众环境意识。马来西亚自然资源与环境部为提高青年的环境意识，为各高校学生专门设立了关于环境问题的辩论赛，旨在拓展青年人在环境行为和环保政策方面的知识，并加强环境司与高等教育机构的沟通，向高校传播环境信息，践行当前的环保实践。

菲律宾负责公众环境意识和能力建设的单位为环境教育与信息处，隶属于环境与自然资源部环境管理局。2008 年年底，菲律宾制定了《菲律宾国家环境意识与环境教育法 2008》，目前为东盟国家中唯一颁布环境教育法的国家。菲律宾环境意识提高的课程框架由教育部、文化和体育部、环境和自然资源部、环境教育网络以及环保和管理教育机构协会实施。环境意识提高的目标为培养环境方面的学者和负责任的公众，保护和改善环境，提高社会公平和经济效率，实现可持续发展。

　　老挝政府针对不同社会群体开展了一系列关于环境问题的研讨会和讲习班。同时在"东盟环境年"、"世界环境日"、地球日、"世界森林日"等特定日期举办针对不同环境问题的大众媒体宣传运动，鼓励公众积极参与提高公众环境意识的活动。

　　柬埔寨积极开展青年的环境意识活动。柬埔寨青年环境网络在 2009 年世界环境日开展了植树活动，在 2010 年世界湿地日组织开展了针对湿地保护的短期培训，通过这些活动提高了青年保护环境的意识。在学校的正规环境教育中，柬埔寨智慧大学要求所有大一学生都必须选修环境科学课程，并鼓励青年学生参加环境保护行动，开展了植树、不同规模的辩论赛等一系列活动。

　　缅甸林业环保部主要负责提高公众的环境意识。缅甸正规环境教育发展较慢，在环境科学和环境教育方面缺乏提供学位的高等教育学院。环保林业部为提高公众环境意识，让更多的人了解绿色经济，积极开展了氟氯烃淘汰管理计划，号召青年学生在仰光地区测量氟氯烃溶剂数据，学习由能源部高级官员讲授的绿色建筑课程等。此外，来自高中和高等院校的学生现在也参与到环保部组织的各类环保项目和活动中，如绿色校园活动，植树活动，环保意识活动，无塑料袋运动等。

　　越南为了推进国家环境意识与能力建设，成立了环境教育部和培训部，并创办了环保俱乐部——"350 越南"，建立应对气候变化论坛，以提高社会公众、儿童、青年的环境意识。俱乐部呼吁公众寻找应对气候危机的良方，同时希望在全国各省市建立环境交流网络，携手保护环境。

二、推动绿色使者计划的建议

　　绿色使者计划自 2011 年 10 月启动以来，以绿色发展为主题，已举办了多次交流活动，包括面向青年学生的"中国—东盟绿色发展青年研讨会"、面向环境官员的"中国—东盟绿色经济与环境管理研讨班"以及"中国—东盟绿色经济与生态创新青年研讨会"等。通过绿色使者计划这一合作与交流平台，推动了区域环境意识提高，促进了公众参与环境保护，加强了与东盟各国交流和分享环境保护的经验。

　　目前，中国与东盟各国环境意识与能力建设领域合作刚刚起步，面临着很多问题：中国—东盟环境意识与能力建设合作未形成长期稳定机制，绿色使者计划框架下的人员交流与培训活动且刚刚起步；我国对东盟各国环境意识的信息缺乏了解，缺少沟通与交流的渠道；在现有的环境意识与能力建设合作中，缺乏长期稳定的资金支持。为推动中国—东盟环境意识与能力建设合作，建议开展如下工作。

（一）发挥绿色使者计划的引领作用

绿色使者计划自原国务院总理温家宝在中国—东盟领导人会议上提出，到使者计划活动的前期策划，再到活动的准备、执行，已有数百人参与其中。建议继续发挥绿色使者计划引领作用，总结在区域公众环境意识与能力建设领域取得的经验，继续做好创新性的顶层活动设计，积极拓展绿色使者计划活动范围，支持国家与东南亚、非洲、西亚、拉丁美洲等发展中国家在提高公众环境意识与能力建设领域的合作，探索出一条具有中国特色的南南合作新模式。

（二）推动以青年为主体的交流活动

青年是经济社会发展和社会进步的生力军，也是推动绿色经济发展的生力军。推动建立青年为主体的环境意识交流网络，加强中国与东盟各国青年交流活动，发挥青年人在环境保护事业中生力军作用，能够有效促进区域环境意识与能力建设的提高。

（三）建立健全国内协调机制

中国与东盟环境意识与能力建设领域的合作需要国内各部门相互协调与合作。建议在未来合作项目实施中，加强与外交部、商务部、教育部、共青团等部门的沟通，发挥各部委在环境意识提高中的职能和作用，有助于提高与东盟国家开展环境意识与能力建设合作的实施效果，对推动区域环境意识与能力建设合作将会起到积极作用。

（四）建立与东盟的交流合作平台

中国与东盟开展的环境意识与能力建设合作，政府主要起引领的作用。建议充分发挥中国—东盟环境保护合作中心作用，建立中国—东盟环境意识与能力建设交流合作平台。通过政府间的沟通机制，定期开展不同层次的研讨活动，交流各国环境意识与能力建设的经验，加强公众的广泛参与和支持，推动中国—东盟环境意识与能力建设合作。

（五）加强与非政府组织和国际组织的合作

公众环境意识的提高不仅需要政府的带动，更需要有实力的企业、非政府组织及国际组织参与。建议推出针对企业、非政府组织参与环境意识与能力建设的优惠政策，形成良好的合作关系及可持续发展计划。同时，发挥联合国环境规划署的作用，利用其在协调、网络资源、信息与知识共享等方面的优势，积极寻求与国际组织的合作，形成稳定的合作网络与资金机制，支持区域环境意识与能力建设合作中的重点项目。

后 记

2015 年 3 月，国家发展和改革委员会、外交部、商务部联合发布《推动共建丝绸之路经济带和 21 世纪海上丝绸之路的愿景与行动》，将生态环境保护作为推动务实合作的八大领域之一，提出合作共建绿色丝绸之路。"一带一路"建设是党中央从战略高度审视国际发展潮流，统筹国内国际两个大局做出的重大战略决策，加强生态环保对"一带一路"建设的服务和支撑，发挥环保技术和产业合作的抓手作用，有助于提升基础设施投资和产能合作的绿色化水平，促进与沿线国家的投资与贸易畅通。

"一带一路"沿线国家普遍面临工业化和全球产业转移带来的环境污染、生态退化等多重挑战，承受着大气、水、土壤环境污染等"成长中的烦恼"，加快转型、推动绿色发展的呼声不断增强。开展环保技术和产业国际合作研究，探索"产业园区—合作机构—技术输出"的"走出去"模式，加强与沿线国家在环保产业政策、市场、实践经验方面的联合研究，有利于推动我国环保理念、管理模式、技术产业等"走出去"。

本书精选了中国—东盟（上海合作组织）环境保护合作中心在环保技术和产业国际合作领域中的研究成果，旨在增进国内相关人员对"一带一路"沿线国家环保技术和产业市场的了解，推动我国环保产业"走出去"。在此，对关心和支持本书研究和出版的领导、专家和研究人员表示衷心感谢。由于时间仓促以及编者水平有限，本书难免存在疏漏之处，一些领域尚待作进一步深入研究，不足之处敬请广大读者批评指正。

编 者

2016 年 5 月 9 日